ビジネスパーソンのための実践解説

［ Python ］

業務自動化

マスタリング
ハンドブック

［著］江坂和明

秀和システム

はじめに

Pythonの本が多数、出版されるようになってきました。本書を手に取られた方も、Pythonという言葉は聞かれたことがあると思います。また、Pythonの本の中から、自動処理という言葉に興味を持って、本書を手に取られたのではないかと思います。

筆者は、企業の中で業務用システムの企画・開発・運用・管理、および、これらのシステムに対して、RPA、Pythonを用いた自動処理による効率化を進めています。

筆者がPythonを業務に活用していることを知り、友人もPythonによる自動処理に興味を持ちました。そこで彼らの職場でもPythonを活用できるようにと資料にまとめました。本書は、その資料に基づいています。

このような経緯もあり、本書では、職場全体へのPythonを短期間で導入できるような骨格となる知識をまとめました。

著者は、Pythonだけでなく、RPAによる業務効率化も経験しており、本書の中では、Pythonを無償のRPAとして活用する上でのプログラムの知識だけでなく、運用面についても解説に加えました。

2023年1月　江坂 和明

●本書でできること
●業務に活用できる

業務用システムの操作、Excel、Word、Outlook、Web画面の操作等の自動処理の事例を解説しますので、Pythonでどのような自動処理ができるかを理解できます。

●1人でもPythonを活用できる

Pythonは広く世の中に知られるようになりましたが、まだ、職場で使用している方がいない場合もあると思います。そのようなときの調べ方も詳しく解説していますので、1人でも活用することができます。

●職場で仲間とともに使えるようになる

Pythonは、自分でソフトウエアやライブラリ等の環境構築をする必要があります。また、職場で使う場合は、チームメンバのPythonの環境設定を共通化する必要があります。また、職場の業務用のシステムを操作するともなると、インターネット上のWebサイトとは注意点、扱い方のノウハウ等が必要になるため、著者のRPA活用の経験に基づいて解説をしています。

● 本書で目指す世界

　事務業務の現場で効率化が求められている中、オープンソースソフトウエアである Python は無償の自動化ツールです。チームでの導入のハードルが低く、チームの中で、お互い周りの方と共に効率化を進めていくことができます。

　世の中には、天才超スーパープログラマーがいて、超難問を解決し、より良い社会を作ってくれています。本書は、事務業務を担当されている普通の方が、Python を使ってお仕事の効率化を進め、楽になることを目指しています。

本書での説明事項の体系図（概要）

　本書では、職場全体へ Python を短期間で導入するための骨格となる知識をまとめて解説しています。

※サンプルコード、および補足解説書をダウンロードで提供

プログラムスキル
- Python の環境構築（職場で Windows の利用を前提とする）
- Python の基本文法
- 自動処理の基本パターン（Excel データの連続投入、タイマー、ファイル操作）
- アプリケーションの操作（Excel、Word、Outlook）
- Web システムの操作
- その他（pandas、JSON※、GUI※、画像の切り出し等※）

各種のヒント
- 職場への導入
- プログラムの作成方法
- 困ったときの対応
- RPA としての使用

サポートツールの紹介
- プログラムの記述ルール ──────── black
- プログラムの作成サポート ──────── Pylance
- セキュリティ ──────── bandit

サポートツール

●本書の対象読者

- ●職場でPythonを使いたい方（職場での活用のポイントを知りたい方）
- ●プログラムの基礎知識のある方（変数、繰り返し、条件分岐の概念を理解されている方）

  ※これらの基礎知識のない方には、巻末にPythonの参考書をご紹介しています

- ●事務業務の効率化にPythonを活用したい方

●PCの条件

●Python　3.10

一部のプログラムにPython　3.10以降の機能を使用します。

複数のプログラムにPython　3.9以降の機能を使用します。

●Windows

Linux、Macで動作しないプログラムを多数含みます。

●Microsoft Office関連アプリケーション（Excel、Outlook、Word）

Excel、Outlook、Wordのソフトウエアを操作するライブラリを使用しますので、Microsoft Office関連アプリケーションがインストールされていることが必要です。

●Chrome

Web画面の操作方法の解説に、Chromeを使用します。

●評価条件

本書掲載プログラムは以下の環境で動作確認をしています。

- Microsoft Windows 11　21H2
- Microsoft Office Home and Business 2021
- Python 3.10
- beautifulsoup4 4.11.1
- black 22.8.0
- flake8 5.0.4
- html5lib 1.1
- isort 5.10.1
- lxml 4.9.1
- pillow 9.2.0
- python-dateutil 2.8.2
- openpyxl 3.0.10
- pandas 1.4.4　（numpy 1.23.3）
- pip22.2.2
- pipdeptree 2.3.1
- PyAutoGUI 0.9.53
- pyperclip 1.8.2

- pywin32 304
- PyYAML 6.0
- requests 2.28.1
- schedule 1.1.0
- selenium .4.3
- tzdata 2022.2

上記以外にも、依存性のあるライブラリもインポートされています。

PCの設定、プログラム、フォルダの配置、メールアカウント、操作対象となるアプリケーションの設定・更新内容等によっては、本書籍と同様の動作をしない場合があります。

●本書で提供するサンプルコードにつきまして

本書で提供するサンプルコードにつきましては、本書で説明をしている解説の部分とコードとの対応表を下記サイトに用意してあります。

サンプルコードによる内容の確認をされる際には、この対応表をご覧の上、サンプルコードをご確認ください（一部、書籍とファイル名、コードの内容が異なる場合があります）。

●本書で提供するサンプルコードなどの入手方法

秀和システムのWebサイトの本書の書籍情報が掲載されているページの「サポート」からダウンロードすることが可能です。

https://www.shuwasystem.co.jp/book/9784798068060.html

目次

第3章　基本文法

第4章　ライブラリのインストール

第5章　ライブラリを用いた環境設定

第6章　自動化に用いるライブラリ

第7章　プログラム作成のヒント

第8章　自動処理の基本パターン

第9章　Excelの取り扱い

第10章　Outlookを使ったメール業務の効率化

第11章　Webの操作と情報収集

第12章　Web情報収集

第13章　Word、pdf ファイルの操作

第14章　データ処理 (pandas)

第15章 困ったときのヒント

第16章　RPAとして使用するためのヒント

第1章

自動化を
はじめるまえに

Python を使って日々の業務の効率化をはじめましょう。最初は、Python について解説します。

新しいツールを導入し、新しい方法で仕事を進める際には上司に説明が必要な職場は多いと思います。

そこでまずは、「Python とは何か、何ができるのか」を理解しましょう。そして職場で上司にも説明できるようになりましょう。

この章でできること

- Python で何ができるか理解できる
- Python を仕事に活用することを職場の上司に説明できる

1　Pythonとは

Pythonは、登録されているライブラリを使うことで初心者でも高度なことができるように設計されたプログラム言語です。

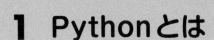 (1) Pythonはプログラミング言語

　Pythonというのは、最近開発されたコンピュータの言語です。比較的、プログラムの記述がしやすいといわれており、勉強する人が増えてきました。最大の特徴は、Pythonで扱うことのできるライブラリが非常に多いことが挙げられます。

(2) Pythonの活用分野

　Pythonがよく使われる分野は、統計分析、機械学習、深層学習や、Webからの情報収集に使われています。また、サーバの管理にも使われています。

❶データ分析 (統計分析など)

　大量のデータから必要とするデータを取り出したり、データシートの結合、統計分析、結果の見える化 (グラフ化、マッピング化等) を行ったりします。

❷機械学習・深層学習

　人間の学習に相当する仕組みをコンピュータなどで実現するものです。

❸Webからの情報収集

　マーケティングをはじめとした各種目的のため、インターネット上から情報を集めてくる方法です。

❹自動処理

　最近、Pythonを自動化処理に活用する事例が増えてきました。事務業務において、ExcelのVBAではできないこともPythonを用いて進めることができます。

2　職場で使うためには

職場でPythonを使うためには、職場の皆さんへの説明や会社への手続きの必要
があります。以下に基本的な内容、ポイントをまとめました。

(1) 必要な手続き

　手続きには、一般的には、ルール上の手続きと、セキュリティ・システム上の手続き
が考えられます。それぞれを各企業のルールに従い、必要に応じて、自部署、情報部門、
セキュリティ部門などに対し、Pythonの使用目的を伝え、各種の申請をします。職場や
上司にPythonが何なのかを説明する必要があります。

❶ソフトウエア、プログラミング言語の、ツールの利用申請

　会社によっては、パソコンにインストール可能なソフトウエアが定められており、そ
れ以外のソフトウエアをインストールする場合、申請が必要な場合があります。一般的
事項を以下に説明します。各社の状況に合わせて必要な手続きをしてください。

❷社外インターネットへの接続申請

　Python、および各種ライブラリをインストールする際、インターネット接続が必要
です。企業によっては、会社環境から外部のインターネット環境にアクセスする上で、
許可の申請が必要な場合があります。

　接続先には、以下があります。

- PythonのプログラムをインストールするPython公式ホームページ
- Pythonのライブラリをインストールするサイト
- 統合開発環境のツールをインストールするサイト
- ブラウザを操作するためのWebDriverを入手するためのサイト

　上記以外にも、各種の疑問を調べるためにインターネット上にアクセスすることがあ
ります。

また、会社のインターネット環境からPythonの各種ライブラリを入手するためには、コマンドプロンプトにプロキシサーバを経由する設定をする必要があります（詳細は2章、4章で解説します）。

❸職場、上司への説明

まずは、上司の方からPythonについていろいろとご質問もあるかと思います。以下に上司の方への説明の要点、よくある質問をまとめました。

(2) Pythonを説明する

❶Pythonというプログラミング言語について

Pythonというのは、プログラミング言語です。業務の効率化によく使われるExcelのVBAとはオープンソースライセンスである点が大きく異なります。

🐍表1　Pythonというプログラミング言語について

Pythonの歴史	Pythonは1990年代の始め、オランダのGuido van Rossum（グイド・ヴァン・ロッサム）によって生み出されました。
開発組織	Python Software Foundation（Pythonソフトウエア財団）。Pythonの著作権を保持する独立の非営利組織です。 ※本書籍で扱うバージョン3に関する著作権を保有
ソフトウエアのカテゴリー	オープンソース（オープンソースの定義はhttps://opensource.org/ を参照してください）
費用	無償
プログラムタイプ	オブジェクト指向プログラミング言語に分類されます。ただし、手続き型言語としても使用することができます。このため、初心者が、自動処理で行う命令を順番に1つずつ記述してプログラムを作成することも可能です。

オブジェクト指向プログラミング：大規模なプログラムを作成するための手法のこと。
手続き型言語：命令を順番に並べて制御する方法のこと。

Pythonとは何ですか？

　*Python*はインタプリタ形式で動作し、対話的なオブジェクト指向プログラミング言語です。この言語には、モジュール、例外、動的な型付け、超高水準の動的なデータ型、およびクラスが取り入れられています。*Python*は、オブジェクト指向プログラミングを越えて、手続き型プログラミングや関数型プログラミングなど複数のプログラミングパラダイムをサポートしています。

🐍 Python公式マニュアルFAQ

https://docs.python.org/ja/3/faq/general.html

　このことを簡単に解説すると、以下のイメージ図のようになります。

　現在、Pythonに関しては、専門機関が作ったオブジェクト指向プログラミングによる高度な処理をすることができるライブラリが公開されています。このため、初心者でもPythonの手続き型プログラミング手法によって、業務手順に従いライブラリを操作するコマンドを並べるだけで、高度な自動処理をすることが可能です。

🐍 図1.1　オブジェクト指向プログラミングのイメージ

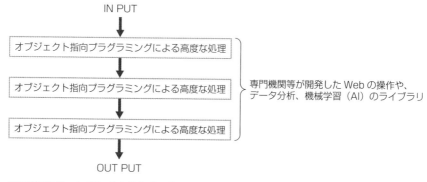

専門機関等が、オブジェクト指向プログラミングでライブラリを公開

📖 図1.2　Pythonの手続き型言語による自動処理のイメージ（ライブラリの活用）

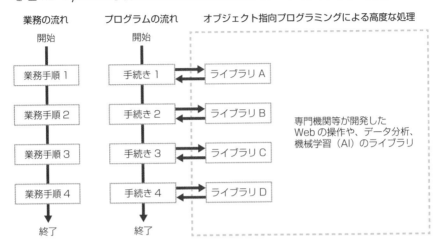

事務業務においては、Pythonを手続き型言語として、業務手順に対応してコマンドを並べ、ライブラリを操作することで、初心者でも自動処理が可能です。

❷ Pythonのプログラム作成上の特徴とメリット

Pythonは以下の点によって、初心者にも使いやすいといわれています。

📖 表2　Pythonの特徴とメリット

特徴	他のプログラミング言語と比べて短いプログラムを作成することができます。このため、見やすく、理解しやすいプログラムを作成することができます。
メリット	各種ライブラリが充実しています。初心者でも、Web画面の操作や機械学習のプログラムを作成することができます。

❸ VBAとの比較

業務効率化によく使われるVBAとPythonを比較します。VBAでの効率化には、Excelを対象としたケースが多くみられますが、Outlookや、Webの操作も可能です。また、機械学習への活用事例もあります。ただし、どちらかというと、マイクロソフトのOffice、OS部分に係る操作が得意分野であり、書籍、インターネット上の情報も充実しています。

Pythonは、サードパーティライブラリが充実しており、Webからの情報収集、Web系システムの操作、機械学習・深層学習が得意分野であり、書籍・インターネット上の情報も多くあります。

表3　VBAとの比較　　　　　　　　（○：可能　◎：可能かつ、活用事例が多い）

	VBA	Python
エクセルの操作	◎可能 (得意分野) 多くの活用事例あり	○可能
メール操作 (Outlook)	○可能	○可能
Webからの情報収集	○可能	◎可能 (得意分野)。多くの活用事例あり
Web系システムの操作	○可能	◎可能 (得意分野)。多くの活用事例あり
データ分析	○可能	◎可能 (得意分野)。多くの活用事例あり
機械学習・深層学習	○可能	◎可能 (得意分野)。多くの活用事例あり
開発元	マイクロソフト	Pythonソフトウエア財団・サードパーティライブラリの開発元
ライセンス形態	商用ライセンス	オープンソース
調べ方	書籍・インターネット	書籍・インターネット
コスト	Officeに付属	無償

❹RPAとの比較

　有償RPAとPythonを比較します。有償RPAの導入の際は、ライセンス料金が50〜100万円程度であり、その費用対効果を確保する必要があります。

　ツールの導入に向け、1か月から数か月の導入前の概念検証（PoC）などの検討を行います。また、情報部門との調整、先行部署へのヒアリング、RPA人材の育成など、会社全体の組織的な活動となることもあります。

　一方、Pythonは、無償ライセンスであり、小規模の改善であっても費用対効果を出せるメリットがあります。

表4　RPAとの比較　　　　　（○：可能　◎：可能かつ、活用事例が多い）

	RPA	Python
エクセルの操作	○可能	○可能
メール操作 (Outlook)	○可能	○可能
Webからの情報収集	○可能	◎可能（得意分野）。多くの活用事例あり
Web系システムの操作	◎可能（得意分野）。多くの活用事例あり	◎可能（得意分野）。多くの活用事例あり
データ分析（統計分析など）	なし	◎可能（得意分野）。多くの活用事例あり
機械学習・深層学習	なし	◎可能（得意分野）。多くの活用事例あり
プログラムのしやすさ	◎：GUIのため、初心者でも扱いやすい。	○：初心者でもプログラムを組みやすい。
サポート	ヘルプデスクのある場合がある（無償／有償）	ヘルプデスクはない。自分で調べる必要がある。
コスト	50〜100万円程度	無償

※RPAでは、外部ツールのAI-OCRと連携し、手書き伝票の入力の効率化への活用が多くみられます。ヘルプデスクなどのサポート体制が充実しています。

❺上司への説明でのよくある質問と回答 (FAQ)

以下に職場や上司の方によく聞かれそうな質問をまとめました。

　各職場、上司の方が重点的にお考えになる内容は、職場や、上司の方、それぞれで異なります。まずは、以下の内容、および、参照ページを参考にされて、職場、上司の方のご事情に合わせて内容を補完してからご説明をされるようにしてください。

表5　Pythonについてのよくある質問

質問	回答
Pythonは安全なツールか？	プログラム言語としては、オープンソースソフトウェアとしての基準を満たし、各国の研究者により内容をチェックされています。Pythonで作ったプログラムの内容については、各職場での確認が必要です。
エクセルのマクロの記録のような便利機能はないのか？	ExcelのVBAのような『マクロの記録』機能はありません。ただし、Web系業務システムの操作においては、自動記録機能に相当するもの (Selenium　IDE) があり、参考にすることができます (第12章で解説)。
職場ではじめてPythonにチャレンジするが大丈夫か？	本書籍で環境設定、エラーメッセージ対応方法、よくある間違いへの対応のヒントを解説します (第15章で解説)。
参考となる情報などは、できるだけ公式な情報を知りたい	本書籍において、各種情報において、公式情報を掲載するようにします。
IT分野は常に最新情報が更新されていく。どういうサイトを調べるとよいか教えてほしい	本書籍において、各ライブラリのマニュアルのリンクを記載し、確認できるようにしています。
後で、他の担当者に引き継げるようにしてほしい	第7章でヒントを解説します。
自動化することで業務のブラックボックス化は避けたい。野良ロボット化をさせないようにしたい	第16章でRPAとして使用する上でのヒントを解説します。
システムの操作において関係部署との調整が必要ならあらかじめポイントを教えてほしい	第16章でRPAとして使用する上でのヒントを解説します。
初心者がプログラムを作成する上での最低限のポイントを教えてほしい	第7章でプログラム作成のヒントを解説します。

質問	回答
本書籍に基づき、職場のQCサークルで業務効率化を進めたい。なにか参考となる情報はあるか	各自のPython、ライブラリのバージョンを一致させる必要があります。そのための方法を紹介します。大規模なプログラム開発は、専門の書籍をご覧ください。
仕事で取り組む以上、ゴールまでたどり着かないといけない。難しいプロセスには、複数の解決方法も示してほしい	特に、Web系業務システムの操作においては、著者の経験に基づき、別解を含め解説します。
プログラムのコマンドレベルではなく、業務レベルでのコツ・ノウハウまでわかるとありがたい	著者の経験に基づくコツ・ノウハウを解説します。
会社組織、職場、チームとして、プログラムの作成ルールとして参考になる情報がほしい	第7章でプログラム作成のルール等を解説します。

オープンソースソフトウェア (OSS) と フリーウエアの違いについて

 コラム

　共に無償で利用できる場合があるため、誤解されることがあります。
　フリーウエアは、ソースコードが公開されていないため、ソースコードの信頼性チェック、脆弱性チェックなどを行うことができないものがあります。
　オープンソースソフトウェアは、ソースが公開されており、多くの方によりチェックされ、また、更新されています。有名なものには、OS (オペレーションシステム) のLinuxや、Webサーバのアプリケーションである Apache があります。

※参考資料
https://docs.python.org/ja/3/faq/index.html
https://docs.python.org/ja/3/faq/programming.html#general-questions
https://docs.python.org/ja/3/license.html

第2章

Pythonの環境を設定する

Pythonでは、対象業務に合わせてPython本体のプログラムだけでなく、ライブラリなどを自分で集める必要があります。これを「Pythonの環境を構築する」「環境を設定する」といいます。

本書では、事務業務の効率化を目的とした自動処理のための環境構築方法を解説します。

Pythonの学習を目的とする場合、単純な環境の構築方法もあります。将来の職場での運用方法を踏まえた構築方法を解説します。

ExcelのVBA、有償のRPAツールなどにはない概念ですので、最初に全体像を説明します。

この章でできること

- Pythonを事務業務の職場で導入するための環境設定を理解できる
- Visual Studio Code（以下、VSCode）をPythonで使用するための設定ができる

1 環境設定の概要

Pythonを事務業務に使用する場合、Pythonのソフトウエアだけでなく、他にもインストールする必要があります。以下に概要を説明します。

(1) 対象範囲

本書でのPythonの環境構築とは、以下の図の太枠線で囲まれた部分を示します。

❶ Pythonの公式ホームページからのインストール

Pythonプログラム本体をインストールします。

※同時にインストールされるもの
 ・pipツール
 ・py (ランチャー)

❷ 統合開発環境のインストール

VSCodeを使用します。

❸ 各種サードパーティライブラリのインストール

Pythonの運営組織 (Pythonソフトウエア財団)以外の団体や個人が開発したライブラリをインストールします。

❹ Web操作用のDriver

ブラウザを動作させるためのファイルです。

🐍 図2.1 Pythonにおける環境設定の概念図 (本書の場合)

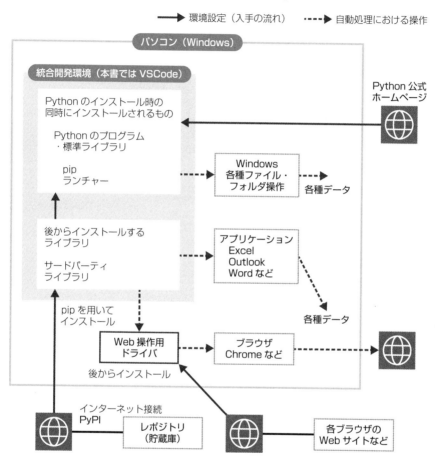

(2) Pythonにおけるライブラリの種類

Pythonには、以下の3つのタイプのライブラリがあります。

❶組み込み型

Pythonのプログラムで使用宣言をしなくても使用できます。

❷標準ライブラリ

レポジトリからインストールしなくても使用可能です。

❸サードパーティライブラリ

PyPIというライブラリのレポジトリ（貯蔵庫）から、インターネットを経由してインストールすることが必要です。

図2.2 ライブラリの種類

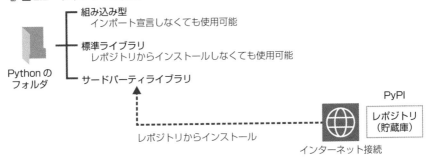

[🐍 (3) サードパーティライブラリのインストール方法]

　サードパーティライブラリは、PyPIからpipというツールを使って、コマンドプロンプト（CMD）からインストールします。

❶pip（パッケージ管理ツール）の役割

　pipというのは、パッケージ管理ツールといいます。単なるインストーラではありません。

❷依存性

　Pythonのライブラリには、ほかのライブラリをプログラムのパーツとして使っているものがあります。このような関係を『依存性がある』といいます。依存関係には、ライブラリのバージョンも考慮する必要があります。Pythonのpipというツールは、このライブラリ間の依存関係を考慮して他のライブラリを合わせてインストールします。このように、ライブラリ間の依存性を考慮し、必要なバージョンのファイルをインストールしますので、パッケージ管理ツールと呼びます。

🐍 図2.3　ライブラリのインストール方法

Python のインストール先フォルダ
C:¥Users¥【PC の名前】¥AppData¥Local¥Programs¥Python¥Python311

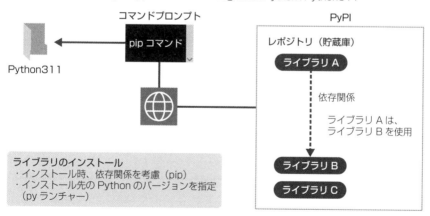

(4) 企業の社内ネットワークからの Python のレポジトリへの接続について

　Pythonのライブラリは、PyPIというサイトに保存されています。このようなライブラリのファイルを保存しているサイトをレポジトリ（貯蔵庫）と呼びます。

　Pythonを使った業務をする際、このレポジトリには、頻繁にアクセスすることになります。セキュリティ申請が必要な場合は、申請をする必要があります。プログラム本体は、インターネット接続ですが、ライブラリの入手は、通常のインターネット接続とは異なる通信となります。

　コマンドプロンプトからインターネット接続する場合、企業の社内ネットワークから社外のインターネット環境にアクセスする上で、プロキシサーバを経由しているケースが多くあります。

　その場合は、コマンドプロンプトからプロキシサーバを経由するための設定をする必要があります。

図2.4　プロキシサーバを経由したインストール
　　企業のネットワーク等のプロキシサーバを経由してインターネット接続環境

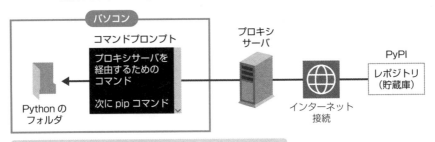

🐍 (5) Pythonのバージョンとライブラリのバージョン

　ここで商用ライセンスとオープンソースライセンスの違いについて、例を挙げて解説します。

　WindowsとOfficeアプリケーション、Pythonと各種ライブラリは、「OSとアプリケーション」、「言語とライブラリ」の違いがあるので、同じ関係にはありませんが、例にして解説します。

❶商用ライセンスの例（参考）

　例えば、今日買ったばかりのWindowsパソコンのExcelやWord、Outlookなどが動作しないことはありません。これは開発元が同じマイクロソフトであり、動作を保証しているからです。

🐍 図2.5　商用ライセンスの例

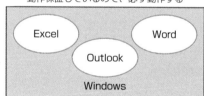

買ったばかりのパソコン

❷Python（オープンソースライセンス）の場合

　これに対して、Pythonとサードパーティライブラリは、開発元が異なり、ライブラリによっては最新のPython（のバージョン）に対応していないことがあります（古いPythonの機能に対し、最新版への変更が間に合っていない、あるいは、更新をやめてしまった場合）。その一方で、最新の機能を使うライブラリは、古いPythonでは動作しない場合もあります。

🐍 図2.6　オープンソースの例

オープンソースでは別々の開発主体が作っている

ライブラリによっては動作しない
（最新版に対応していない）

最新の Python とライブラリ

ライブラリによっては動作しない
（最新版の機能を使用）

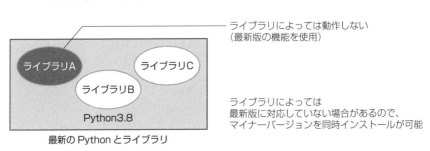

ライブラリによっては
最新版に対応していない場合があるので、
マイナーバージョンを同時インストールが可能

最新の Python とライブラリ

　このように、Pythonとサードパーティライブラリの開発元が異なるために、（Windows用の）Pythonでは、複数のマイナーバージョンを同一のPCにインストールして使用する場合があります。

🐍 図2.7　複数バージョンのPythonを使用する場合

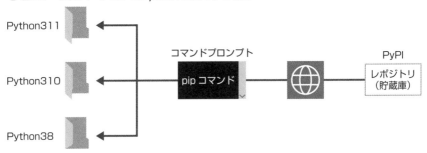

意図した通りのバージョンの Python を使用することができるようにしたい。

(6) 複数のPythonをインストールする場合

❶Pythonのマイナーバージョンアップ

　Pythonを長く使っているとわかりますが、Pythonは約1年ごとにマイナーバージョンアップを繰り返しています。マイナーバージョンは小数点のうしろの数字の違いです。

図2.8　Pythonの更新時期

Active Python Releases

For more information visit the Python Developer's Guide.

Python version	Maintenance status	First released	End of support	Release schedule
3.11	bugfix	2022-10-24	2027-10	PEP 664
3.10	bugfix	2021-10-04	2026-10	PEP 619
3.9	security	2020-10-05	2025-10	PEP 596
3.8	security	2019-10-14	2024-10	PEP 569
3.7	security	2018-06-27	2023-06-27	PEP 537

URL：https://www.python.org/downloads/

　Pythonがバージョンアップされたら、ライブラリも最新版に対応していきます。ライブラリが最新版に対応した新機能を使っていればPythonもバージョンアップさせます。もし別のライブラリが最新版のPythonで動作しない場合は、古いバージョンのPythonも併用します。

❷ライブラリの更新が止まっているケースの例

　また、事務業務の効率化には業務内容によって、様々なライブラリを使用します。例えば、自分で作るよりも、既存のライブラリを活用した方が効率的である場合も多くあります。しかしながら、古いバージョンのPythonにしか対応していない場合もあります。このようなときは古いバージョンのPythonを使います。

　最新のPythonをインストールした後で古いバージョンのPythonをインストールすることもあります。このようなケースにおいて、問題になることがあります。

(7) 単一のバージョンでもよいケース

❶ Pythonの学習を目的とする場合

短期集中で学習し、Pythonの資格試験に合格し、就職するケース。

❷ 特定のライブラリを固定で用いる場合

古いバージョンのPythonのまま、ライブラリのみを更新することで対応可能なケース。

(8) 複数のPythonをインストールする場合の注意事項

上記のように、Pythonのインストールには、複数のPythonをインストールすることの考慮が必要な場合があります。本書籍では、事務業務職場で、1年以上継続的に、かつ、多くの種類のライブラリ（サードパーティのライブラリ）を使用するための環境構築方法を解説します。

Windowsの場合、Python公式マニュアルには、複数のPythonをインストールすることを想定したインストール方法が書かれています。よって、後ほどのインストール方法の解説では、Python公式マニュアル記載の方法を解説します。

Pythonをインストールするときに、以下の画面の操作が異なります。

 図2.9　Pythonのインストーラの選択画面

 (9) Python の仮想環境

❶本書で扱う仮想環境

通常、Pythonのバージョンを変えて遂行する場合は、『仮想環境』というものを構築して実行します。

本体の実行ファイルとは別に、実行用の分身のようなファイルを作り、そこに関係業務用のライブラリ、ファイルを集めて実行します。

これは、普段は会社の自分の席で業務をしているビジネスパーソンが、特定の業務のため、出張用の荷物を持って出張しにいくようなものです。

業務ごとに荷物を変えて出張して仕事をするように業務ごとに仮想環境を構築します。

📕図2.10　Pythonの仮想環境（本書の場合）

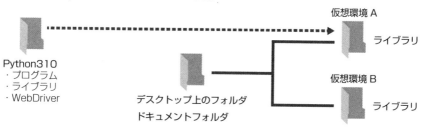

通常は Python のプログラムのあるフォルダ中のライブラリを使用します
仮想環境を設定すると、別フォルダにインストールしたライブラリを使用します

❷Pythonでいうところの仮想環境（別の場合）

インターネットでPythonの仮想環境に関する検索を行うと、以下の図の内容が検索されます。また、Pythonの仮想環境に関する書籍も検索されます。先ほどの❶の場合とまったく異なるため、読者の皆様が混乱しないように解説をしておきます。

Pythonユーザには、Linux、Macintoshユーザが多く、チームを組んでアプリケーション開発をされている方も多くいらっしゃいます。そのような場合はWindowsやMacを含めて、仮想環境にOSとしてLinuxを設定し、そこにPythonをインストールすることでOSの違いに影響を受けない環境を構築して、チームとしてアプリ開発を進めることができるようにしていらっしゃる方も多くみえます。

WindowsのPCの中に仮想環境を作り、その仮想環境の中のOSとしてLinuxを使っているので、混乱してしまう方がいらっしゃると思い、解説しました。

🐍 図2.11　その他の仮想環境

大型の機械サーバ中の仮想領域や、クラウド上の仮想領域にある Python

（A）大型の機械サーバ

仮想領域
OS（Linux など）
Python

（B）クラウド

仮想領域
OS（Linux など）
Python

Windows 上に仮想環境を作り、WSL※による Linux 上にインストールした Python
※Windows Subsystem for Linux

（C）Windows PC、サーバ

仮想領域
OS（Linux など）
Python

（A）、（B）、（C）および、Macintosh を含め、仮想環境に OS Linux を設定し、そこに Python をインストールすることで OS の違いに影響を受けない環境で、チームとしてアプリ開発を進めることができる。

2　Pythonのインストール

事務業務においては、「継続的に複数のバージョンを使う」ことが想定されます。
Python公式マニュアルによるインストール方法を解説します。

[🐍 (1) インストール手順]

以下のWebサイトからインストールします。
途中からは注意事項が記載されていますので、気をつけてください。

🐍 Pythonの公式のWebサイト

https://www.python.org/downloads/

　まずはブラウザのアドレス欄に、上記のURLを入力してください。公式のWebサイトが開きます。

🐍 図2.12　Pythonダウンロード画面

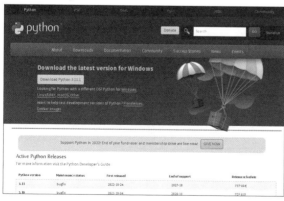

　次に、ダウンロードメニューをクリックします。

　Windowsで開くと、Windows用の最新のPythonのインストールボタンが表示されます。ボタンをクリックしてインストーラを保存します。2022年12月時点で、64ビット版、バージョン3.11.1のインストーラがダウンロードできます。

🐍 図2.13　Pythonのインストーラ

　インストーラをダブルクリックして実行すると、以下の画面が表示します。

🐍 図2.14　Pythonのインストーラ_選択画面

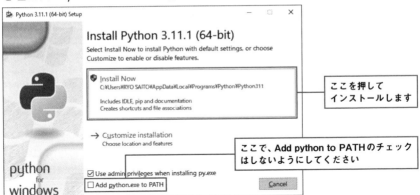

　上記画面の「Install Now」ボタンをクリックします。
　「このアプリがデバイスに変更を与えることを許可しますか」と表示されたら、「はい」をクリックします。

　インストールが開始されます。
　Setup was successful画面が表示されたらインストールは完了です。

　Pythonの公式マニュアルには、以下のように書かれています。

　「コマンドプロンプトより便利にPythonを実行するために、Windowsのデフォルト
の環境変数をいくつか変えたいと思うかもしれません。インストーラはPATHと
PATHEXT変数を構成させるオプションを提供してはいますが、これは単独のシステ
ムワイドなインストレーションの場合にだけ頼りになるものです。もしもあなたが定常
的に複数バージョンのPythonを使うのであれば、WindowsのPythonランチャの利
用を検討してください。」

　この意味は、WindowsでPythonを使う場合において、定常的にPythonを複数の
バージョンを使う場合は、PATHを通さずに、ランチャーの利用を検討してください。
という意味です。

　前項で説明しましたように、事務業務において「定常的に複数のバージョンの
Pythonを使う」ケースはごく一般的だと考えますので、本書籍は、Python公式マニュ
アルにしたがい、PATHを通さないようにしてインストールする方法を解説します。

　このチェックの意味は、パスを通すと、パソコン上のどこからでも、実行ファイルに
アクセルすることができるようになります。1つのPythonのバージョンのみがインス
トールされていれば問題ないのですが、複数のバージョンのPythonがインストールさ
れている場合、PATHが通っていることで、意図した通りに動作させることができない
場合があります。このため、デフォルトでは、チェックをはずしています。

　Pythonのバージョン3.4以降では、ランチャーというツールもpip（パッケージ管理
ツール）をと同時にインストールされるようになりました。ランチャーを用いることで、
パスを通さなくても、困らないようになっています。

　古いPythonにパスを付けてインストールして、後で困ったというお話を聞いたこと
があります。

🐍 4 WindowsでPythonを使う

https://docs.python.org/ja/3/using/windows.html#
https://docs.python.org/ja/3/using/windows.html#installation-steps

🐍 4.6 Pythonを構成する

https://docs.python.org/ja/3/using/windows.html#configuring-python

> **参考**
>
> 　世の中の書籍、インターネット上の情報において、Pythonのインストールの際に、「Add python to PATH」に、チェックを入れているものと、入れるにチェックしていないものの両方があります。

　本書では、前ページのPython公式マニュアルにある、「定常的に複数バージョンのPythonを使う」ためのインストール方法を解説します。

🐍 (2) Pythonのアンインストール

　Pythonのアンインストールは以下の3つの操作をします。

❶アプリのアンインストール

　Windowsの「全てのアプリ」または「アプリと機能」より、Python3.Xを選択し、アンインストールします。

❷フォルダの削除

　以下のフォルダにPythonというフォルダがありますので、削除します。

> C:¥Users¥【PCの名前】¥AppData¥Local¥Programs

❸パスを設定している場合

　Windowsの検索窓に「環境変数を編集」と入力します。システムのプロパティ➡環境変数でもかまいません。

　以下の画面を表示します。

🐍 図2.15 環境変数の変更について

この中で、変数：Pathで、「Pythonの文字」を含む項目を選択し、「編集」ボタンをクリックすると、以下の項目を表示しますので削除します。

> C:¥User¥<PCの名前>¥AppData¥Local¥Programs¥Python¥Python***¥
> C:¥User¥<PCの名前>¥AppData¥Local¥Programs¥Python¥Python***¥Scripts¥

他の項目を削除すると、ソフトウエアなどが正常に削除しなくなるのでご注意ください。

🐍 図2.16 編集ボタンを押した後の画面

古いバージョンのPythonを
インストールするときは

コラム

次のような手順で古いバージョンのPythonをインストールします。
Downloads ➡ All Releases ➡ View the full list of downloads.
をクリックします。
Windowsを選択し、必要なバージョンのPythonをインストールします。

3 統合開発環境

Pythonはプログラム言語であり、プログラムを記述するだけでなく、実行、チェックなども行うこともできるツール、統合開発環境が必要となります。

(1) 主な統合開発環境の比較

統合開発環境には、いくつかの種類があります。自動処理、事務業務の効率化に用いられるのは、主に以下の3つです。

❶ VSCode

マイクロソフトの開発したツールです。2022年現在、Pythonの開発環境として最も使われていることを踏まえて、本書ではVSCodeを用いて解説します。

また、自動処理は、業務時間を短縮し、コストを削減することが目的の1つでもあるので、無償のVSCodeを使用します。

後で詳しく説明しますが、PEP8を満足するコードを書く上で、フォーマッタの設定や使用が簡単だからです。コードの自動整形機能によって初心者の人は大いに助かると思います。また、それによってコードのルールよりもコードの内容に集中できます。

❷ IDLE

Pythonをインストールすると同時にインストールされます。事務業務の効率化の観点において、本書のプログラムを動作させることができます。

❸ Anaconda

科学技術系のライブラリが充実した統合開発環境です。Pythonで機械学習も行う場合には選択肢の1つになると思います。

ただし、従業員数200人以上の企業での使用は有償となります（本書執筆時2022年12月時において）。

🐍 表1　主な統合開発環境の比較

	IDLE	VSCode	Anaconda
本書のプログラムでの使用	○　PyPI	○　PyPI	△ ※一部ライブラリがない。下記の点にご注意ください。
開発元	Python公式	マイクロソフト	Anaconda社
コスト	無償	無償	有償 （従業員数200人以上の企業の場合）

● **Anacondaを使用する場合の注意事項**

　Anacondaには、ライブラリが多くありますが、Anacondaになくて、PyPIにある場合があります。ただし、そのような場合も、PyPIから取得する前に、conda-forgeなど、安全にインストールできるPyPI以外のサイトから入手することを検討してください。環境衝突で、この作業前に構築したAnaconda環境がすべて壊れてしまいます。詳細は、Anacondaの資料をご確認ください。

🐍 Anacondaに登録されているライブラリ一覧

> https://docs.anaconda.com/anaconda/packages/pkg-docs/

🐍 (2) 本書においてVSCodeを選択する理由

　自動処理は、業務時間を短縮し、コストを削減することが目的であること、無償のツールであること、ユーザーにとっての利便性、インターネット上での情報の多さにより本書ではVSCodeを使用します。

4 VSCodeの設定方法

統合開発環境では**VSCode**が有名です。カスタマイズできる点が非常に多いのですが、本書では事務業務にフォーカスした設定内容を、少しずつ解説していきます。

(1) VSCode (Visual Studio Code) とは

VSCodeとは、マイクロソフトが作った各種プログラム用言語を記述するための統合開発環境のことです。統合開発環境というのは、プログラムを記述するだけでなく、実行、チェックなども行うこともできるツールのことをいいます。

Pythonにおいて、VSCodeは非常に人気が高い統合開発環境です。VSCodeの発表された当時、Pythonの統合開発環境は他にもありましたが、VSCodeは機能が充実しており、マイクロソフトが「本気を示した」との高い評価があります。また、オープンソースとし、ソースを公開していることもあり、拡張機能も多く、Pythonユーザの多くの人が利用しています。このため、インターネットで調べる様々な情報を得ることができます。

VSCodeは、カスタマイズでできる要素が非常に多くあり、どれを設定したらよいか迷う人もいます。本書では、事務業務、職場での利用を想定し、Pythonを対象言語としたときに必須の部分、事務業務の効率化、職場での利用のための推奨機能に絞って解説します。

まずは、基本機能を習得し、使いながら便利機能を1つずつ取り入れていくのがよいでしょう。本書では、必要に応じ別の章や節でも解説します。

(2) VSCodeのインストール

マイクロソフトの更新内容によっては、以下の画面などが変更される場合があります（その場合も、メジャーなツールですのでインターネットでインストール方法を調べることができると思います）。

❶インストール用ファイルの入手

以下の公式ホームページからインストール用ファイルを入手します。

🐍 Visual Studio Code　ダウンロードWebサイト

> https://azure.microsoft.com/ja-jp/products/visual-studio-code/

🐍 図2.17　VSCodeダウンロード画面

❷「今すぐダウンロード」のボタンをクリック

各OSに対応したダウンロード用ボタンが表示されます。

🐍 図2.18　VSCodeダウンロード画面

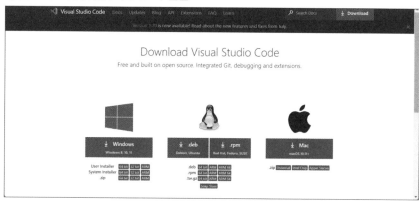

❸ Windows用の「User Installer」の「64bit」をクリック

Windows 64bitパソコンの場合、Windows用の「User Installer」の「64bit」をクリックし、ファイルをダウンロードします。

🖨 図2.19 VSCode インストーラーの選択

❹ Downloadsフォルダのインストールファイルをダブルクリック

PCのDownloadsフォルダにインストールファイルが保存されるので、ダブルクリックします。

🖨 図2.20 ダウンロードされたVSCode インストールファイル

❺ クリックして「同意する」➡「次へ」へと進める

「使用許諾契約の同意」が表示されたら、内容を確認し、よければ、「同意する」を選択し、「次へ（N）」をクリック

❻ 「次へ」をクリック

インストール先を聞かれるので、「次へ」をクリックします。
※特に指定する必要がなければ、このままで構いません。

❼「次へ」をクリック

スタートメニューフォルダを聞かれるので、『次へ』をクリックします。

※特に指定する必要がなければ、このままで構いません。

❽「次へ」をクリック

追加タスクの選択を聞かれるので、『次へ』をクリックします。

※特に指定する必要がなければ、このままで構いません。

❾インストール準備完了画面が表示されたら「インストール」をクリック

❿インストール画面が表示される

インストール作業が進みます。

⓫「完了」をクリック

インストールが完了して「完了画面」が表示されます。『完了』をクリックし、終了です。

🐍 (3) VSCode 拡張機能の設定

Python以外にも他の言語にも使用することができます。インストールしたままの
VSCodeはまだPythonに使用することができません。各種拡張機能を設定します
(Python以外の他のプログラミング言語も使用することができます)。

メニューの「File」から、『View』➡『Extensions』を選択します。

🐍 図2.21　VSCodeの拡張機能選択メニュー

❶日本語拡張機能

VSCodeを日本語メニューで使用することができます。検索窓に『Japanese Language Pack for Visual Studio Code』と入力します。検索結果の中から、『Japanese Language Pack for Visual Studio Code』と表示された拡張機能に対し、『Install』ボタンをクリックします。インストールが完了したら、VSCodeを立ち上げ直します。すると英語の画面表示が日本語表示になります。

🐍 図2.22　Pythonの拡張機能の一部（日本語）

❷Python拡張機能

続いて、Pythonで使うための拡張機能を設定します。検索窓に「Python」と入力します。「Python」拡張機能が表示されたら、「Install」ボタンをクリックします。これでPythonに使用できるようになります。

🐍 図2.23　「Python」拡張機能の選択画面

❸その他の拡張機能

VSCodeのPython用の拡張機能には、他にも多くの種類があります。ある程度慣れてからインターネット上の情報などを参考に設定するとよいでしょう。

上記以外には、「Pylance」というものがあります。入力補完機能や、スペルチェックなどの文法チェック機能があります。間違っているところを教えてくれるのでよいので

すが、どのように直せばよいかは教えてくれません。最初から設定してもよいですし、ある程度慣れて、直し方がわかるようになってからでもかまいません。

🐍 (4) VSCode画面の変更

インストールした直後は、黒系の背景となっています。白系の背景に変更する人が多いです。

設定の流れは、「ファイル」➡「ユーザ設定」➡「配色」テーマです。以下の画面を表示します。

🐍 図2.24　画面の色の選択肢 (一部)

デフォルト画面は黒い色の画面で、明るい色にしたときは白い色のです。

🐍 図2.25　Dark +（既定のDark）

🐍 図2.26　Light +（既定のLight）

🐍 (5) VSCodeフォントの変更

プログラムを記述するためのプログラミング作業では、インデントなどによる桁合わせが視認性に影響を与えるので、プロポーショナルフォントではなく等幅フォント（文

字幅が漢字やアルファベットも同じ）を使用される人がいます。

　また、英字小文字の（l：エル）と、数字の（1）、英字大文字の（O：オー）と数字の（0：ゼロ）を見分けやすいフォントに変更される方も多くみえます。

　フォントの選択は個々人の好みによる部分が大きいですので、操作方法に慣れてきてからでかまいません。

　設定の流れは、「ファイル」➡「ユーザ設定」➡「設定」です。以下の画面を表示します。

　右側のよく使用するものの中の、テキストエディタ➡フォントから、Font Familyを選びます。または、検索窓で「Font Family」を入れて検索します。

🐍**図2.27　font familyの設定**

　デフォルトでは、「Consolas, 'Courier New', monospace」が登録されています。左側のフォントを優先して使用されます。フォントとフォントの間は、「コンマ（,）」で区切ります。フォント名にスペースを含む場合は、「シングルクォーテーション（'）」で囲みます。

　MSゴシックを選択すると「'MSゴシック', 'Courier New', monospace」のようになります。

🐍**図2.28　フォントの変更**

第3章

基本文法

本章では、この先の自動処理に使用する項目に絞って解説します。本項以外のパターンもありますので、マニュアルなどで確認することができます。

この章でできること

Pythonにおける基本文法についての使い方を理解できます。
- 変数（単数形（整数、小数、文字列）、複数形（リスト、辞書））
- 繰り返し
- 条件分岐

1 基礎文法

ここでは、VSCodeの基本操作とPythonの基本文法を解説します。

(1) VSCodeの基本操作

　VSCodeの基本操作を解説します。まず、新規にプログラムを作成し、実行するフロー（流れ）を解説します。一般的なソフトウエアと同様に、すでに作成してあるプログラムを読み込んで修正することも可能です。

①プログラムファイルを配置するフォルダを指定する
②プログラムファイルを作成する
③プログラムを記述する　　　　⑤プログラムを実行する
④プログラムを保存する　　　　⑥プログラムの実行結果を確認する

❶プログラムファイルを配置するフォルダの指定

　VSCodeでは、プロジェクトという概念があり、プログラムファイルを保存するフォルダを先に指定します。これが1つのプロジェクトとなります。

　まず、パソコンのデスクトップなどの作業領域に、「TEST_Python」というフォルダを作ります。VSCodeの「ファイル」メニュー➡「フォルダを開く」より、作成したフォルダを選択します。フォルダを指定できると、VSCodeのエクスプローラ画面に「TEST_Python」というフォルダが表示されます。

図3.1　フォルダの選択画面（一部）

❷プログラムファイルの作成

　続いて、Pythonのプログラムを入力するPythonのプログラムファイルを作成します。VSCodeの「ファイル」メニュー➡「新しいテキストファイル」を選択します。「言語の選択」を表示しますので、「Python」と入力します。

　「Untitled-1」と表示します。

　「ファイル」メニュー➡「名前を付けて保存」を選択し、例えば、「TEST_Python-1. py」と入力します。

🐍 図3.2　保存されたPhthonのファイル

　上図のように、TEST_Python-1.pyのように拡張子「py」のファイルが保存されました。

❸プログラムの記述

　エディタ画面に、以下のように記述します。print文というのは、変数の値などを表示させることのできる命令文です。

🐍 基本_011_print.py

```
print( "VSCodeの操作の基本" )
```

　上のコード例ですが、print文に文字列を設定する場合は、シングルクォーテーション（'）、または、ダブルクォーテーション（"）で囲みます。混在するとプログラムが見づらいので、本書ではダブルクォーテーションを使用します（一部の例外を除く）。

　本書でダブルクォーテーションにするのは、プログラムの自動成形ツール（black）の使用（第7章で解説）を推奨しており、そのツールを使用するとダブルクォーテーションに統一されるからです。

❹プログラムの保存

Pythonのプログラムは保存してから実行します。VSCodeの「自動保存」設定にチェックがついていると、プログラムを自動保存します。自動保存設定は、VSCodeの「ファイル」メニュー➡「自動保存」を選択します。自動保存を有効にするかどうかは、個々人の好みですので、必要に応じて設定します。

❺プログラムの実行

（▷）を押すとプログラムを実行します。

🐍図3.3　実行ボタン

❻実行結果の確認

PCの環境にもよりますが、以下のように表示されます。「VSCodeの操作の基本」が表示されれば、正しく動作していることになります。前後には、種々の情報が表示されます。

🐍実行結果

```
VSCodeの操作の基本


PS C:¥Users¥【PCの名前】¥デスクトップ¥TEST_Python>
```

🐍コード

```
print( "VSCodeの操作の基本 )
```

上記のように、ダブルクォーテーションの後ろ側がない場合は、以下のエラーメッセージを表示します。エラーメッセージに対応するためのヒントを15章で解説します。

🐍実行結果

```
SyntaxError: unterminated string literal (detected at line 1)
```

2　Pythonの基本文法

> Pythonにおける、変数、繰り返し、条件分岐について、本書で取り上げる自動処理に必要な内容を中心に解説します。

　コンピュータのプログラムで自動処理をするとき、重要な概念があります。それは、変数、繰り返し、条件分岐という3つの概念です。

　これらの概念は、Pythonだけでなく、ExcelのVBAなどの他の言語においても共通して重要な概念であり、既にご存じの方も多いと思います。

　本書では、Excel VBA、あるいは、Pythonの初級程度の知識がある前提で、これらの概念を理解している前提で解説します。

　Excel VBAやPythonの基礎をこれまで勉強されてない人、あるいは、詳しく勉強されたい方には、巻末に参考書などを紹介していますので、そちらをご参考ください。

🐍 (1) 変数：単一のデータによるもの

　変数について解説します。例えばExcelのセルの値をPythonに取り込み、処理をしてExcelに入力する場合について説明します。このとき、この値を入れる箱のように変数を用います。箱の中にいろいろな値を入れることができるので、「変数」と呼びます。

　Excelのセルの書式にいろいろな書式があるように、Pythonの変数にも変数型というものがあります。

　Pythonの変数の型には、数値（小数・整数）と文字列があります。また、Pythonには、複合データ型というものがあります。

❶変数の型について

　Pythonのプログラムでは、変数の中身が数値なのか、文字列なのかを明確にする必要があります。また数値の場合、整数か小数のどちらかも明確にする必要があります。

表1 Phthonの変数型

	数値（整数）	数値（小数）	文字列
型の表記	int型	float型	str型
データの例	1、2、100	0.1、10.3	金額、個数

❷変数の値の設定

以下のようにx、y、zに整数、小数、文字列を設定することで、自動的に変数型が定義されます。変数型は、type文で得ることができます。

基本_021_変数型.py

```
x = 1
y = 0.1
z = "python_test"
print("xの変数型は、", type(x))
print("yの変数型は、", type(y))
print("zの変数型は、", type(z))
```

実行すると、以下のようにx,y,zの変数型を表示します。

実行結果

```
xの変数型は、 <class 'int'>
yの変数型は、 <class 'float'>
zの変数型は、 <class 'str'>
```

❸変数型の変換方法

例えば、数値を文字列に変換、あるいは、文字列を数値に変換したい場合があります。その場合は、以下のようにします。

以下の例で説明します。

A1という文字列を作りたいときに

A：文字列
1：数値

などの文字列の結合によって、A1を作ります。文字列の結合には、結合する要素、それぞれが文字列である必要があります。

🐍 基本_022_変数型の変換.py

```
x = "A"
y = 1
print("xの変数型は、", type(x))
print("yの変数型は、", type(y))

y2 = str(y)
print("y2の変数型は、", type(y2))

z = x+ y2
```

🐍 実行結果

```
xの変数型は、 <class 'str'>
yの変数型は、 <class 'int'>
y2の変数型は、 <class 'str'>
A1
```

逆に文字列の数字を整数に変換する場合は、以下のようにします。

🐍 基本_023_変数型の間違いの例.py

```
x = "A"
y = 1
print("xの変数型は、", type(x))
print("yの変数型は、", type(y))

y2 = str(y)
print("y2の変数型は、", type(y2))

z = x+ y2
print(z)
```

```
y3 = int(y2)    #整数型にもどす

z = x+ y3
print(z)
```

型が異なるものを結合しようとしたので、以下のエラーメッセージを表示しました。

🐍実行結果　ターミナル画面

```
z = x+ y3
TypeError: can only concatenate str(not "int") to str
```

🐍 (2) 変数：複数のデータによるもの

Pythonでは、エクセルのVBAと違い、1つの変数の中に複数の値を設定したデータタイプがあります。以下の4種類あります。

🐍表2　複数のデータによる変数の表記方法

	リスト	辞書	タプル	集合
表記方法	[]	{}	()	{}
データの変更	可	可	不可	可
データの順番	有	無	有	無
データの重複	可	可	可	不可
例	[1,10,100]	{'a':1, 'b':10, 'c':100}	(1,10,100)	{1,10,100}

本書では、主にリスト、辞書を使用します。

後で説明する関数や各種ライブラリでは、取得した値をタプルで返してくる場合があります。タプルの特徴はデータを変更することができません。この場合、取得した値はタプルの状態では変更できませんので注意が必要です。

❶リスト型 (list型)
●❶-1 リスト型の表記方法

リストとは、1つの変数の中に複数の値を設定することのできるデータタイプです。ExcelのVBAを使われていた人は初めて取り扱うことになるかもしれません。

以下のように、括弧で複数のデータをコンマで区切って定義します。変数名を複数形として、(s)を付けたり、(_list)を付けたりします。

🐍 コード

```
samples = [1,2,3,4,5]
sample_list = [1,2,3,4,5]
```

※サンプルプログラムはありません

🐍 3.形式ばらないPythonの紹介 (Pythonチュートリアル)

https://docs.python.org/ja/3/tutorial/introduction.html#lists

●❶-2 リスト型 (list型) の個々のデータの取り出し方法

1つの変数の中に複数の値を設定しているので、その中から1つの値を取り出すときは、以下のように記述します。

🐍 基本_031_リストのスライス.py

```
sample_list = [1,2,3,4,5]
x = sample_list [3] #4


print(x)
```

#の意味

コラム

#4の意味について説明します。「#」は、コメントアウトと呼ばれ、その行の「#」以降の内容は実行しないことを表します。

また、プログラムの実行結果を「#」の後に記入される方も多くいらっしゃいます。

実行結果

```
4
```

このように1つの値を取り出すことを「スライス」といいます。[4]をインデックスといいます。

ここで注意点があります。Pythonのインデックス番号は0から始まります。sample_listには5つの値があります。プログラムではインデックス番号「3」を指定したので、3が得られると思った人がいたかもしれません。インデックス番号は0から始まるので、結果として4番目の値の「4」が得られます。

VBAを使っている人は、始まる数字が異なりますので、注意しましょう。

● ❶-3 リスト型(list型)のリストへのデータの追加方法

Pythonの処理の中で、処理結果をリストに追加することはよくあります。その際に、空のリストを先に作っておいて、そこに追加することもよくあります。次のコードは、リストへ追加するものです。リストに対し、append()メソッドを使用します。

リストへの追加の例　基本_032_リストへの追加.py

```
sample_list = [1,2,3,4,5]
sample_list.append(6)
print(sample_list)
```

実行結果

```
[1, 2, 3, 4, 5, 6]
```

以下のコードは空のリストへの追加の例です。

空のリストへの追加の例　基本_033_空リストへの追加.py

```
sample_list = []
sample_list.append(1)
print(sample_list)
sample_list.append(2)
print(sample_list)
```

🐍 実行結果
```
[1]
[1, 2]
```

❷辞書型 (dictionary型)
●❷-1 辞書型の表記方法
　Pythonでは、辞書型というものを用意しています。キーを指定することでデータを取り出すことができます。

🐍 5.データ構造 (Pythonチュートリアル)

https://docs.python.org/ja/3/tutorial/datastructures.html#dictionaries

🐍 基本_041_辞書.py
```
meat_dictionary = {"cow":"beef", "bird":"chikin","pig":"pork"}
print(meat_dictionary ["cow"])
```

🐍 実行結果
```
beef
```

●❷-2 辞書型の使い方の例　その1
　以下のコード例では、辞書からキーの値を用いて、インプット値 (英文字の曜日) からアウトプット値 (日本語の曜日) に変換しています。これは、Pythonでは、日付から曜日を取得すると、英文字の曜日が取得されるからです。

🐍 コード
```
dict_day_of_week = {"Mon":"月曜日","Tue":"火曜日","Wed":"水曜日",
"Thu":"木曜日","Fri":"金曜日","Sat":"土曜日","Sun":"日曜日"}

print(dict_day_of_week["Tue"])
```

🐍 実行結果
```
火曜日
```

●❷-3 辞書型の使い方の例　その2

以下の例では、辞書の機能を用い、インプット値（文字列）をアウトプット値（整数）に変換しています。この変換は、プログラム上の操作のため、整数（インデックス番号）を必要としており、文字列から整数に変換しました。インデックス番号なので、0から始まる整数に変換しています。

🐍表3　辞書を使うことで変換したいデータの内容

インプット値	辞書からキーの値を使って取り出す	アウトプット値
age_10	age_dicionay["age_10"]	0
age_20	age_dicionay["age_20]	1
age_30	age_dicionay["age_30"]	2

※インプット値の文字列を0から始まる数値として得るためには、インプット値をキーとして、0から始まる数値をアウトプット値とする辞書が必要です。

よってage_dicionayという辞書を以下のように、定義しています。

🐍基本_042_辞書の活用.py

```
age_dicionay = {"age_10":"0", "age_20":"1", "age_30":"2", "age_40":"3"}
print(age_dicionay["age_20"])
```

🐍実行結果

```
1
```

この変換は、11章で使います。

(3) 条件分岐

❶単一の条件の場合

　自動処理では、プログラムが値の大小などの状態を判断し、処理を分岐させる必要のある場合があります。

　以下のフローチャートでは、入力した時刻に対して、9時を過ぎたかどうかを判断し、処理の内容を選択しています。

図3.4　条件分岐

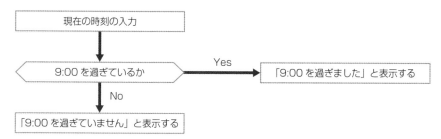

　プログラムを作成する上で、フロチャートを作って情報を整理することは重要です。条件分岐の〈＞だけでも構いません。

　このフローチャートに対応したプログラムを作ると以下のようになります。このプログラムでは、時刻を表す変数にtime_hhmmを設定し、値として、9:00であれば、900のように数値化して、不等号で判断をできるようにしています（以下のプログラムでは、手作業で900のように数値化しています）。

基本_051_条件分岐_1条件.py

```python
time_hhmm = 850


if 900 <= time_hhmm:
    print("9:00を過ぎました")


else:
    print("9:00を過ぎていません")
```

　if文にYesのときの実施事項を記入します。また、else文にはNoのときの実施事項を記入します。実施事項として（この場合、print文を）用いています。インデントとして、半角スペースを4つ設定し、if文の場合の処理内容を表しています。

　if文、else文の後ろにはコロン（:）をつけます。

🐍実行結果

```
9:00を過ぎていません
```

　このとき、else文で何も処理をしない場合は、「pass」と記入します。そうすることでプログラムとしてエラーとなりません。

🐍コード

```
else:
    pass
```

　続いて複数の条件のある場合の設定方法を解説します。

❷複数条件の場合

　続いて、複数の条件のある場合を解説します。複数の条件のある場合は、elif文を使います。elifで条件を追加することができます。

　株式取引の売買立会時間かどうかを判断するプログラムを作成します。条件は次のとおりです。

🐍表4　判断条件

立会	時間
午前立会（通称、前場）	9時から11時30分まで
午後立会（通称、後場）	12時30分から15時まで

🐍 図3.5　判断条件のフロー

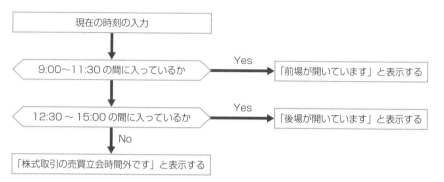

🐍 複数条件　基本_052_条件分岐_複数条件.py

```
time_hhmm = 955


if 900 <= time_hhmm  <= 1130:
    print("前場が開いています")


elif 1230 <= time_hhmm  <= 1500:
    print("後場が開いています")


else:
    print("株式取引の売買立会時間外です")
```

なお、この考え方は、8章で使います。

🐍 実行結果

```
前場が開いています
```

🐍 (4) 繰り返し

　Pythonにおける繰り返し処理の特徴は、終了側の命令文がないことです。VBAの場合は、ForとNextで処理内容を囲みます。

　Pythonでは、インデントで処理内容がどこからどこまでかを表します。命令文が1つ減ることでプログラムを短く書くことができ、また、見やすくなります。このようなプログラム言語上の工夫があり、Pythonのプログラムは短く、見やすいといわれています。

　ただし、その分、記述上の制約がありますので（7章で解説します）、コーディング規約などを守ってプログラムを作成するようにしましょう。

🐍 Excel VBAの場合

```
For
    処理内容
Next
```

　Pythonにおける繰り返し処理の中で、本章では以下の場合を解説します。

> ①繰り返す回数分の値を設定する場合
> ②繰り返し条件としてリストを設定する場合
> ③回数を指定して繰り返す場合
> ④一定条件の間繰り返す場合

❶繰り返す回数分の値を設定する場合

　range関数を用いて、数値の初期値と終了値を定義します。

　以下のコードでは、初期値と終了値を定義しています。

　Pythonでは、終了値として設定した値そのものが終了の値ではなく、1つ前の値となりますので、ご注意ください。以下の場合、特に指定のない場合、増分は1となり、1から順に大きな値となります。最後の値は、6の1つ前の値となります。ExcelのVBAに慣れた方は、特にご注意ください。

🐍基本_061_繰り返し_for range.py

```
for data_id in range(1, 6):
    print(data_id)
```

🐍実行結果

1
2
3
4
5

以下のように、3つ目の数字で増分する指定ができます。

🐍基本_062_繰り返し_for range間隔設定.py

```
for data_id in range(10, 50,10):
    print(data_id)
```

🐍実行結果

10
20
30
40

❷繰り返し条件としてリストを設定する場合

　Pythonでは、リスト型のデータに設定した値の分、繰り返し処理をさせることができます。

🐍基本_063_繰り返し_for range list.py

```
for data_id in [3,5,23,32]:
    print(data_id)
```

🐍実行結果

3
5
23
32

❸回数を指定して繰り返す場合

以下のコード例は、回数を指定して繰り返しています。この場合は5回です。

このようなケースにおいて、変数「i」は、繰り返しのみに使われています。

Pythonではよく、1文字だけの変数として使われることがあります。他の人のプログラムを読むときの参考にしてください。

🐍基本_064_繰り返し_回数指定.py

```python
y = 5

for i in range(5):
    y = y + 1
    print(y)
```

🐍実行結果

6
7
8
9
10

❹一定条件の間繰り返す場合

指定した作業を繰り返し、条件が来たら繰り返しを終了する場合は、while関数を用います。

以下のプログラムは、yが50を超えるまで繰り返す条件を設定しています。その際、yが50を超えた時の条件を、else以下に記述しています。この部分は、なくてもかまいません。その場合は、while文は終了します。

🐍 基本_065_繰り返し_while.py

```
y = 10

while y < 50:
y = y + 10
    print(y)

else:
    print("yは50を超えました")
```

🐍 実行結果

20
30
40
50
yは50を超えました。

MEMO

第4章

ライブラリの
インストール

Pythonの一番の魅力は、いろいろなことのできるライブラリがあることです。ここでは、サードパーティのライブラリのインストール方法を解説します。

この章でできること

- pipコマンドを操作できる
- 自分の設定した環境を他のPCにコピーできる

1 ライブラリの種類

Pythonでは、自分でプログラムを組まなくても、既存のライブラリを使うことでいろいろな処理をすることができます。本書で解説するWeb画面の操作の自動処理や他にも機械学習等を初心者でも行うことができます。このようにライブラリを使えることがPythonの大きな魅力です。

(1) ライブラリとは

ライブラリには大きく分けて、標準ライブラリとサードパーティのライブラリの2つに分かれます。

❶標準ライブラリ

標準ライブラリは、Pythonのプログラムをインストールしたときに同時にインストールされ、最初から使えるライブラリです。Pythonの公式マニュアルに解説があります。Python標準ライブラリに関するマニュアルは以下のとおりです。

Python標準ライブラリ

https://docs.python.org/ja/3/library/index.html

❷サードパーティのライブラリ

サードパーティのライブラリは、Pythonの開発元とは別の団体や個人などが作成しています。本章で解説するように、レポジトリ（PyPI）から入手（インストール）する必要があります。

Python モジュールのインストールに関するマニュアルは以下のとおりです。

Python モジュールのインストール
https://docs.python.org/ja/3/installing/index.html

2 サードパーティライブラリのインストール方法

サードパーティライブラリのインストール方法の概要を説明します。

(1) ライブラリのインストールのポイント5点

環境構築の概要で説明した内容を含みますが、インストールのポイントを以下にまとめました。

①pipコマンドを用いて、サードパーティライブラリをインストールする。

②複数バージョンのPythonのある場合は、ライブラリは、それぞれのPythonに対応したフォルダにインストールされる。

③複数バージョンのPythonのある場合は、ランチャー(py)を用いてPythonのバージョンを指定する。

④ランチャー(py)は、Pythonのバージョンを指定しないと、最新版のPythonにインストールする。

⑤企業のネットワーク環境において、pipコマンドでライブラリをインストールする場合、環境変数にプロキシサーバを設定する必要がある。

ライブラリはどこにインストールされるか？

ワンポイント

　Pythonのインストール時、パスを通していると、最後にインストールしたバージョンのPythonにインストールされます。たとえ古いPythonであっても、最後にインストールしたバージョンのPythonにインストールしてしまいます。

　よって、本書では、Python公式マニュアルの「複数のPythonを使う場合」のインストール方法として、パスを通さず、インストールしたものとして解説します。

📍 **図4.1 インストール概念図**

Pythonのインストール先フォルダ
C:\Users\【PCの名前】\AppData\Local\Programs\Python\Python3XX

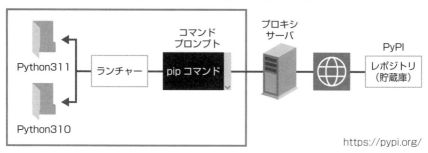

https://pypi.org/

インストール元のことを公式レポジトリといいます。レポジトリとは、日本語で当てはめると、貯蔵庫の意味です。レポジトリから入手するためには、インターネットへの接続環境が必要です。

PyPIのインストール元は、以下になりますので、セキュリティ上、アクセス申請が必要な場合、以下のサイトにアクセスできるようにしてください。

📍 **Python Package Indexを使ってPythonパッケージを検索・インストール・公開する**

> https://pypi.org/

なお、レポジトリから各種ツールを入手する仕組みは、Pythonに限らず、他の言語（Linux）でも運用されています。

[📍 (2) プロキシサーバ経由でインストールする方法]

❶接続方法

通常、インターネット上からファイルを入手するとき、ブラウザ画面でクリックなどの方法でファイルをダウンロードします。そして、アプリケーションのインストーラなどによって、パソコン上にファイルを展開し、アプリケーションを使えるようにします。Pythonのプログラムもそのようにしてインストールしました。

しかし、ライブラリのインストール方法はこれと異なり、バージョン管理など、現在のPythonのバージョンや、すでにインストールされているライブラリのインストール

状況を確認する必要があります。このため、コマンドライン(CMD)上で動作させるツール (pipコマンドというツール、pyランチャーというツール) を用いることになります。

❷プロキシサーバを経由する場合

企業において、社内のネットワークから外部のネットワークに接続する際、ファイアウォール、プロキシサーバなどを経由していることが多くあります。

社員各自のPCからインターネットに接続する際、プロキシサーバの設定が必要であり、各インターネット閲覧用のブラウザ等に設定していると思います。

Pythonのライブラリを入手するためにコマンドラインを操作する場合も、プロキシサーバの値の設定が必要です。

❸プロキシサーバを経由しているかどうかの確認

企業によっては、ファイヤーウォールはあるが、プロキシサーバはないという企業もあるようです。その場合は、この項目の設定は不要です。

プロキシサーバを経由しているかどうかは、Windowsの検索ウインドウに「プロキシ」と入力し、「プロキシサーバを使う」がONになっているかどうかで確認することができます。出張や在宅勤務から会社に出社したときに、「プロキシサーバを使う」をONにされている場合は、プロキシサーバを経由しています。

❹プロキシサーバの設定

Windowsのコマンドプロンプト (CMD)、または、Windows Power Shellで実行します。Windowsのコマンドプロンプトは、Windowsの検索ウインドウに「CMD」と入力すると表示します。

Windows Power Shellは、Windowsの検索ウインドウに「PowerShell」と入力すると表示します。

後で説明するpipに関しては、コマンドプロンプトとWindows Power Shellで同じコマンドで動作しますが、プロキシサーバの設定のときはコマンドが違いますので、ご注意ください。

また、この設定は、このコマンドプロンプト、Power Shellのターミナル画面を閉じるとキャンセルされます。

Windowsの環境変数に直接プロキシサーバの設定を書き込む方法もありますが、この方法だと、いろいろなアプリケーションの変数も同時に変更 (プロキシ除外設定のクリアなど) する場合があります。このため、影響範囲が大きく、意図しない誤動作の原因

4

ライブラリのインストール

となった場合がありましたので推奨しません。コマンドプロンプトのターミナルを閉じると設定がクリアされ、毎回設定する作業になりますが、安全な設定方法となります。

●❹-1 コマンドプロンプト (CMD) の場合

コマンドプロンプトを使う場合は、Windowsの「検索」を実行し、検索窓に「CMD」と入力してコマンドプロンプトを開きます。

🐍 コマンドプロンプト (CMD) への入力コマンドの例

```
Set HTTP_PROXY=【プロキシサーバのアドレス】:【ポート番号】
Set HTTPS_PROXY=【プロキシサーバのアドレス】:【ポート番号】
```

以下に実際に入力するときの例を示します（入力事例）。

🐍 コマンドプロンプト (CMD) への入力コマンドの例

```
Set HTTP_PROXY=http://proxy.company.co.jp:8080
Set HTTPS_PROXY=http://proxy.company.co.jp:8080
```

入力した内容ですが、【プロキシサーバのアドレス】、【ポート番号】は、Windowsの設定の「プロキシ」において、プロキシサーバを使うにしたときに表示されるアドレスとポート番号を入力します。正しく設定されたかどうかは、コマンドプロンプト上で、「Set」と入力すると、環境変数の一覧が表示されるので確認することができます。

入力事例の場合は、一覧の中に

🐍 CMDの環境変数一覧の一部

```
HTTP_PROXY=http://proxy.company.co.jp:8080
HTTPS_PROXY=http://proxy.company.co.jp:8080
```

があれば正しく設定できています。

●❹-2 Power Shellの場合

Power Shellを使う場合に入力する内容には、次のような意味があります。

🐍 Power Shellへの入力コマンドの例

```
$env:HTTP_PROXY="【プロキシサーバのアドレス】:【ポート番号】"
$env:HTTPS_PROXY="【プロキシサーバのアドレス】:【ポート番号】"
```

以下の内容を入力します（入力イメージです）。

🐍 Power Shellへの入力コマンドの例

```
$env:Set HTTP_PROXY="http://proxy.company.co.jp:8080"
$env:Set HTTPS_PROXY="http://proxy.company.co.jp:8080"
```

　基本的には、情報量の多い、コマンドプロンプト（CMD）でのインストールをお勧めします。

　Power Shellにコマンドプロンプト用のコマンドを入力しても、正常に動作しないのと、プロキシサーバで何度もアクセスできずにプロキシサーバ上で止まっていると、セキュリティ部門の担当者から、不審に思われるといけないのでご注意ください。

　Pythonはメジャーな言語ですが、担当者の方がライブラリのインストールのために環境変数にプロキシサーバを設定する必要があることまでご存知とは限りません。

●❹-3 プロキシサーバをパスワード認証している場合（コマンドプロンプト）

パスワード認証をしている場合は、以下のようになります。

🐍 パスワード認証が必要な場合の設定方法

```
set HTTP_PROXY=http://username:password@【プロキシサーバのアドレス】:【ポート番号】
set HTTPS_PROXY=http://username:password@【プロキシサーバのアドレス】:【ポート番号】
```

　パスワードなどについては、IT部門の担当者にご確認ください。また、その場合は、どのような目的でパスワードが必要なのかも説明の必要があると思います。

[🐍 (3) pip コマンド、py ランチャーの各種機能]

❶ pip コマンドとは

PyPIからインストールするためには、「pipコマンド」を使用します。pipはパッケージ管理ツールのことです。通常、Windowsでソフトウエアをインストールするのに使うインストーラとは異なります。

Pythonのライブラリは別のライブラリを参照していることがあります。このような関係を「依存性」といいます。Pythonのライブラリで依存関係のある場合、そのライブラリのバージョンを指定しています。pipは、パッケージ管理ツールであり、バージョンを考慮しつつ。依存関係のあるライブラリをインストールします。

なお、pipツールは、Pythonをインストールするときに同時にインストールされます。複数のPyhtonをインストールしてもpipは1つしかインストールされません。pipコマンドは、Windowsのコマンドプロンプト(CMD)、または、Windows Power Shellで実行します。

pipコマンドのマニュアルは以下のWebページにあります。

🐍 Python モジュールのインストール

> https://docs.python.org/ja/3/installing/index.html?highlight=pip

❷ py ランチャーとは

pyランチャーとはPython 3.4以降に使われるようになったツールで、複数のPythonのバージョンを使い分けるためのツールです。

Windows用のPythonの場合、インストール時にPATHを通す方法ではなく、ランチャーを使用して、Pythonのバージョンを選択します。

Python公式マニュアル

ランチャーとは、インストールの際に説明した以下の内容についての部分のことです。

●4.6. Pythonを構成する

もしもあなたが定常的に複数バージョンのPythonを使うのであれば、Windowsの Pythonランチャの利用を検討してください。

●4.8. WindowsのPythonランチャ

WindowsのPythonランチャは、異なるPythonのバージョンの位置の特定と実行を 助けるユーティリティです。スクリプト（またはコマンドライン）で特定のPythonのバー ジョンの設定を与えられると、位置を特定し、そのバージョンを実行します。

環境変数 PATH による方法と違って、このランチャは Python の一番適切なバージョ ンを、正しく選択します。このランチャはシステムワイドなものよりもユーザごとのイン ストレーションの方を優先し、また、新しくインストールされた順よりも言語のバージョ ンを優先します。

🐍 Pythonのセットアップと利用（4. WindowsでPythonを使う）

https://docs.python.org/ja/3/using/windows.html#launcher

　複数のPythonをPATHを通してインストールすると、最後にインストールした Pythonが優先されます。Pythonは、最近は1年でマイナーバージョンアップして、ま た、ライブラリによっては、古いPythonでしか動作しないものがあります。業務によっ ては、動作安定性の確認などにより、最新版への移行のタイミングを遅らせる場合があ ります。このように複数のPythonを使用するケースは多くあります。さらに言えば、 ライブラリによっては、古いPythonが必要であることがわかり、最後に古いPython をインストールすることも考えられます。

　このような状況において、簡単に適切にライブラリのインストール先を切り替えられ るように作られたツールがpyランチャーです。

　pyランチャーを適切に安定的に動作させるため、本書では、Pythonの公式マニュア ルに基づき、複数のPythonを使い分けるため、Pythonのインストール時、PATHの 設定をしない方法で進めていきます。

3 pipコマンド、py(ランチャー)の使用方法

本書では、ライブラリのインストールに関しては、コマンドプロンプトでの操作方法で解説します。以下にインストール方法を解説します。

(1) 基本操作

pipコマンドは、Windows Power Shellでも同じコマンドで動作しますが、コマンドプロンプトの方が情報を入手しやすいので、イレギュラーなケースについて調べやすいと思います。

❶パスを通していない場合

最新版のPythonにインストール場合は、以下のようになります。

```
C:¥Users¥【PCの名前】> py -m pip install 【ライブラリ名】
```

pyランチャーと「-m」スイッチを記述することで、パスを通したときと同様の動作をします。

❷【参考】パスを通している場合

```
C:¥Users¥【PCの名前】> pip install 【ライブラリ名】
```

他の書籍で紹介されているPATHを通している場合との比較のため、掲載しました。

❸インストールが成功したかどうかの確認方法

以下は、ライブラリのblackをインストールした画面です。Successfully installedライブラリの名前が表示されればインストールが正しくできています。以下は、ライブラリ「black」をインストールした画面です。

```
PS C:¥Users¥【PCの名前】>py -m pip install black
Collecting black
  Downloading black-22.8.0-cp310-cp310-win_amd64.whl (1.2 MB)
        -------------------- 1.2/1.2 MB 10.7 MB/s eta 0:00:00
.......
Successfully installed black-22.8.0.....
```

　Successfully installed ライブラリの名前 (この場合は、black) が表示されればインストールが正しくできています。

🐍 (2) pip コマンドの各種機能

pipコマンドのマニュアルはこちらになります。

🐍 pip コマンドのマニュアル (英語)

> https://pip.pypa.io/en/stable/user_guide/
>
> ※Windowsを選択すると、「py -m pip <pip arguments>」と表示されます。
>
> 🐍 図4.2　pipコマンドマニュアル (Windowsを選択)
>
>

🐍 GitHubのpipに関するページ

> https://github.com/pypa/pip

❶ライブラリのバージョンを最新にする方法

```
C:¥Users¥【PCの名前】> py -m pip install --upgrade 【ライブラリ名】
```

　ライブラリの再インストールでは、最新版にはなりません。アップグレードであることを明示する必要があります。

❷ライブラリのバージョンを指定する方法
　バージョンを指定してインストールします。

```
C:¥Users¥【PCの名前】> py -m pip install 【ライブラリ名】 ==1.0.8
```

❸pipツールのバージョンを最新にする方法

```
C:¥Users¥【PCの名前】> py -m pip install --upgrade pip
```

```
C:¥Users¥【PCの名前】> py -m pip install -U pip
```

　pip本体のバージョンアップをするように警告を表示する場合があります。

❹Pythonのバージョンを指定してインストールする方法

```
C:¥Users¥【PCの名前】> py -3.6 -m pip install 【ライブラリ名】
```

❺ライブラリの情報を確認する
　ライブラリのバージョンなどを確認します。

```
C:¥Users¥【PCの名前】> py -m pip show 【ライブラリ名】
```

🐍例　blackのバージョンの確認

```
Name: black
Version: 22.8.0
Summary: The uncompromising code formatter.
Home-page: https://github.com/psf/black
・・・・・
＜以下、省略＞
```

❻ライブラリのアンインストール

不要なライブラリをアンインストールすることができます。

💻実行結果

```
C:¥Users¥【PCの名前】> py -m pip uninstall 【ライブラリ名】
```

操作画面にご注意ください

ワンポイント

　プロキシサーバの環境変数の登録だけでなく、他にもコマンドプロンプトと Windows Power Shellで操作方法が異なる場合があります。本書では、確実に動作するように、都度、画面を指定していますのでご注意ください。

🐍 (3) 複数のライブラリを同時にインストールする方法

以下の場合に、複数のライブラリを一度にインストールしたい場合があります。

(A) 複数のPCを用い同時並行で処理したい
(B) 他の方と環境を一致させたい
(C) 自分のPCにおいて、仮想環境内に類似の環境を構築したい
(D) Pythonをバージョンアップしたので、環境を構築したい

　複数のライブラリをインストールする前に、PC内のライブラリを把握しておきましょう。

❶現在のPythonにインストールされているライブラリを確認する方法

```
C:¥Users¥【PCの名前】> py -m pip list
```

出力結果を一部取り出すと以下のようになります。

```
numpy            1.23.3
pandas           1.4.4
python-dateutil  2.8.2
pytz             2022.2.1
```

　この中で私がインストールしたのは、pandasだけですが、他のライブラリは、依存
関係があるため、同時にインストールされたものです。

❷インストールされているライブラリのリストをファイルに出力する

```
C:¥Users¥【PCの名前】> py -m pip freeze > C:¥Users¥【PCの名前】¥デスクトップ¥requirements.txt
```

　requirements.txtのみの場合、コマンドプロンプトの階層にファイルが保存されま
すので、ご注意ください。

❸ライブラリの依存関係の可視化

　pip listで出力した内容を見ると、インストールした覚えのないライブラリがあるこ
とがあります。「pipdeptree」というライブラリを使用すると、依存関係を明確にして表
示します。まず、このライブラリをインストールします。続いて、コマンドプロンプト上
で、pipdeptreeを操作します。

🐍 pipdeptreeのインストール（CMD：コマンドプロンプト）

```
C:¥Users¥【PCの名前】> py -m pip install pipdeptree
```

🐍 pipdeptreeを使った依存関係を明確にしたライブラリのリストの出力

```
C:¥Users¥【PCの名前】> py -m pipdeptree
```

　ライブラリがツリー構造で表示されるので、依存関係が明確になります。
　以下は、pipdeptreeで出力された情報の中で、pandasの部分を取り出しました。
pandasは、numpy、python-dateutil、pytzと依存関係があることがわかります。
　pandasをインストールすると、pipは同時にnumpy、python-dateutil、pytzもイ
ンストールします。このように依存関係、そのバージョンを考慮し、インストールする
のが、パッケージ管理ツールの役目です。

　このような動作をするので、Pythonのライブラリのインストールは、通常のファイルをダウンロードしてインストールするのではなく、コマンドプロンプト上での操作が必要となります。

🐍 実行結果

```
pandas==1.4.4
  - numpy [required: >=1.21.0, installed: 1.23.3]
  - python-dateutil [required: >=2.8.1, installed: 2.8.2]
    - six [required: >=1.5, installed: 1.16.0]
  - pytz [required: >=2020.1, installed: 2022.2.1]
```

　Pythonを使うのに試行錯誤しているうちに、不要なライブラリがたまる場合があります。pipdeptreeを用いる依存関数を明確にしてリストを出力すると、ツリーの最上位に表示されているライブラリを見ることで必要なライブラリを判断することができます。そして、先ほどの「requirements.txt」の中に残しインストールすることで必要なライブラリのみをインストールすることができます。

❹複数ライブラリのインストール

```
C:¥Users¥【PCの名前】> py -m pip install -r C:¥Users¥【PCの名前】¥デスク
トップ¥requirements.txt
```

　上記のようにpipの－rオプションで「requirements.txt」ファイルを用いて複数のライブラリを同時にインストールすることができます。

🐍 pipコマンドのマニュアル（英語）

https://pip.pypa.io/en/latest/user_guide/#requirements-files

最新ライブラリを
インストールできないことがある

コラム

　pipツールには、ライブラリの依存関係、Pythonのバージョンとの対応関係の情報を持っていると考えられます。この情報が古い状態で、インストールしても最新版のライブラリをインストールすることができない場合があります。よって、pipの最新化 (バージョンアップ) は、ライブラリをインストールする前に毎回、実施します。

　「py -m pip install -U pip」は、朝起きて最初の「おはようございます。」のような挨拶だと思ってください。

第5章

ライブラリを用いた
環境設定

　Pythonの環境構築の中には、ライブラリを用いたものがあります。ここでは、フォーマッタの設定や仮想環境の構築方法を解説します。Python単体の機能やVSCodeの拡張機能とも異なるものです。

　なお、フォーマッタは最初に設定していただきたい内容となります。仮想環境の構築は、難しい内容ですので、Pythonに十分慣れてからでかまいません。

この章でできること

- フォーマッタ（black）をVSCodeに設定できる
- 仮想環境を構築できる

1 フォーマッタ(black) の設定

ここからは、ライブラリをインストールし、そのライブラリをVSCodeに設定して、Pythonの実行環境を整える方法を解説します。

(1) 静的解析ツール

　静的解析ツールとは、プログラムを動作させることなく、プログラムの内容をチェックするためのツールのことをいいます。

　静的解析ツールにも多くのものがあります。ここでは、blackというツールについて解説します (他のツールはこの節の後半でご紹介します)。

(2) PEP8　Pythonのコーディング規約とは

　Pythonには、コーディング規約 (PEP8) というものがあります。1人でプログラムを勉強している場合は、プログラムは、動作すればよいと考えがちです。しかし、仕事でPythonを使う場合、人にプログラムを見てもらう場合があります。お互いがチームとしてプログラムを共有する場合、書き方のルールがある方が、お互いわかりやすいのです。このプログラムの書き方ルールのことを「コーディング規約」といい、Pythonでは、「PEP8」があります。このPEP8は以下に書かれています。

PEP 8 – Style Guide for Python Code (公式マニュアル：英語)

> https://peps.python.org/pep-0008/

> 日本語訳 (Yoshinari Takaoka様による日本語訳と思われます)
> https://pep8-ja.readthedocs.io/ja/latest/
> © Copyright 2014, Yoshinari Takaoka Revision 3956dbfd.

(3) PEP8に従ったプログラムを書くために

PEP8に従ったプログラムを書くために、実際のプログラマーの皆さんはどうしているかというと、PEP8のチェックツール (リンターといいます) や、自動整形ツール (フォーマッタといいます) を使用しています。

このPEP8に従った記述とするための静的解析ツール (リンター、フォーマッタ) は、数種類あります。本書では、その中で、自動整形ツールのblackをお勧めします。

blackの特徴は、ほとんど設定を変更できない点です。例えば、文字列を囲むのは、ダブルクォーテーションに統一されます。PEP8においても、ダブルクォーテーション ("文字列") かシングルクォーテーション ('文字列') か決まっていない点もあります。このように、強制的にフォーマットを整えてくれます。blackの思想として、フォーマットを議論するのではなく、「プログラムの中身を議論しましょう。」との意図でこのようになっています。業務の効率化の視点においても、フォーマットの細かい点を考えなくてよいので推奨します。

(4) blackのインストール方法

次はコマンドプロンプト (CMD) を使ったblackのインストールです。

🐍 インストール方法

```
C:¥Users¥【PCの名前】>py -m pip install black
```

🐍 インストール結果の例 (一部)

```
Successfully installed black-22.8.0 click-8.1.3 colorama-0.4.5
mypy-extensions-0.4.3 pathspec-0.10.1 platformdirs-2.5.2
tomli-2.0.1
```

5

ライブラリを用いた環境設定

🐍 (5) blackの使用方法

●コマンドプロンプトでの使用

以下のように、コマンドプロンプトにおいて、対象ファイルのフルパスを指定することで整形することが可能です。

```
C:¥Users¥【PCの名前】>py -m black C:¥Users¥【PCの名前】¥
Desktop¥TEST.py
```

IDLEを使用されている人は、この方法で使用することができます。

●VSCodeへの設定方法

VSCodeには、blackなどのフォーマッタ、リンターを設定することができます。ここでは、VSCodeへのblackの設定方法を解説します。VSCodeにblackを設定することで、プログラムを保存すると、自動的にPEP8に適合するように成形させることができます。

①blackの設定

VSCodeの設定画面を開きます（ファイル➡ユーザ設定➡設定）。検索バーに「black」と入力します。「Python › Formatting: Provider」の項目が表示されます。

「書式設定のプロバイダー。使用可能なオプションには、`autopep8`、`black`、`yapf`があります。」の説明があります。

🐍 図5.1 検索結果

プルダウンメニューから、「black」を選択します。

🐍 図5.2　blackを選択

②自動保存のための設定

検索バーに「Format」と入力します。「Editor: Format On Save」の項目が表示されます。

🐍 図5.3　Editor：Format On Save画面

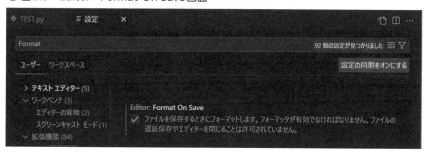

「ファイルを保存するときにフォーマットします。フォーマッタが有効でなければなりません。ファイルの遅延保存やエディターを閉じることは許可されていません。」の説明があります。チェックBOXにチェックします。これで、blackにより、自動成形できるようになりました。

③動作確認

VSCodeに以下のように入力します。

🐍 コード

```
print('おはよう')
```

ファイル名を設定し、保存します。

その結果、下記のように、シングルクォーテーションがダブルクォーテーションに変換されたら、blackが正しく設定できていることになります。

🐍 コード

```
print("おはよう")
```

自動整形ツール「black」　コラム

blackが登場する以前ですが、各種のツールを使って、各自・各職場・プロジェクトなどで細かいルール、設定方法を定めていました。そのような状況下において、ほとんど設定できないblackは賛否両論でした。最近では、多くのPythonユーザがblackを使用しているように思います。

各職場での過去のプログラム資産、職場での運用ルールもあるかと思いますが、新しく職場でPythonを導入される場合には、blackの利用を検討されるとよいでしょう。いずれにしても、職場としての統一、統制を取ることが大切だと思います。

静的解析ツールについて　コラム

今回は、事務業務の効率化の視点でblackをご紹介しました。Pythonにはこの他にも静的解析ツールがあります。

主なものをご紹介します。

🐍 表1　他の静的解析ツール

pylance	文法上の注意点を表示してくれます (付録3で説明します)。
bandit	https://pypi.org/project/bandit/ セキュリティ上の問題点を検出します (第15章で説明します)。
Flake8	https://flake8.pycqa.org/en/latest/ コーディング規約に準じているか、コードに論理的なエラーがないかを検出します。
mypy	http://www.mypy-lang.org/ コードの型チェックを実施します。 型不一致による例外を検出します。

2 仮想環境の導入

本章で解説する仮想環境の構築は、間違えやすい内容ですので、Pythonに十分慣れてからでかまいません。

(1) Pythonの仮想環境

●仮想環境の必要性

ソフトウエアなどのITの世界では、新しいバージョンが発表されても、しばらくは古いバージョンを使うことがあります。例えば、マイクロソフトが新しいWindowsや、Officeをリリースしても、しばらくは様子を見て最新版を使用しない場合があります。

Pythonにおいても、プログラム本体、あるいは、ライブラリを必ずしも、最新を使うわけではありません。バージョンの古い方を使う場合があります。

ところで、WindowsやOfficeの場合は、通常、新旧のバージョンを共存させるのではなく、あるタイミングで完全に切り替えることになります。一方、Pythonでは、バージョンを完全に切り替えるのではなく、複数のバージョンを共存し、使い分けることが多くあります。

このようなとき、Pythonの場合は、新旧、それぞれの仮想環境を作り、実行環境を分けて構築することがよくあります。

●仮想環境が必要な場合

仮想環境を利用しなくても、個人的なPythonの勉強であれば問題なく使用することができる場合が多くあります。しかし、Pythonを業務に活用するのではあれば、以下のような状況になってきたとき、仮想環境を使用するのがよいと思います。

- 古いPythonにしか対応していないライブラリを使用する場合
- 職場の同僚とPythonの実行環境を共有する場合
- Pythonのバージョンアップに伴い、新しいPythonの環境に徐々に移行する場合

[🐍 (2) 仮想環境の構築手順]

多数の読者の皆様が、確実に仮想環境を構築できるようにするため、初心者の人でも、構築できるように、詳細に手順を解説していきます。

●ライブラリ「venv」について

本書では、ライブラリ「venv」を用います。venvは標準ライブラリなので、インストールの必要はありません。Linuxを用いたアプリケーション開発などの環境構築で他のライブラリを用いる場合もありますが、事務業務の効率化用の仮想環境では、「venv」がよいと考えます。

🐍 venv 仮想環境の作成 (Python公式マニュアル)

> https://docs.python.org/ja/3/library/venv.html?highlight=venv#module-venv

●仮想環境を設定するためのフォルダの作成

例：Desktopに「Virtual_Environment_1」というフォルダを作成します。
この作業は、Windowsの新規作成によって、フォルダを作成します。

●仮想環境用の準備

上記で作ったフォルダに、仮想環境で使うファイルを準備します。コマンドプロンプトで以下のように入力します。コマンプロンプトでファイルパスを入力します。

```
C:¥Users¥【PCの名前】>py -m venv C:¥Users¥【PCの名前】¥Desktop¥Virtual_
Environment_1
```

※完了しても、CMD画面は通常のプロンプトが表示されるだけです。

```
C:¥Users¥【PCの名前】>
```

仮想環境のためのファイルが、先ほど指定したフォルダ中にできます。各種ファイルが保存されていることを確認します。

図5.4 仮想環境でできたフォルダ

図5.5 仮想環境フォルダの中身

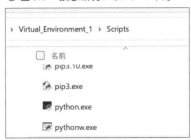

　仮想環境フォルダの中を見ると、python.exeというファイルがあることがわかります。後ほどVSCodeでの仮想環境の設定で説明しますが、最初にインストールしたPython本体にもpython.exeというファイルがあります。仮想環境で実行するためには、後ほど、このpython.exeをVSCodeに設定することになります。

> **注意**
>
> 　初心者の人でも、確実に仮想環境を構築できるようにするため、以下のようにします。
>
> 　フォルダは、新規作成で作成します。VSCodeでは、いったん作業用プロジェクトとして使用したフォルダを別の階層に移動し、そのフォルダをプロジェクトとして使用するときに、フォルダやファイルの選択を行うときにエラーとなる場合がまれにあります。
>
> 　仮想環境の構築は、うまく設定できない方が多くいらっしゃる操作になりますので、新規作成したフォルダで作業を進めます。後ほど、このフォルダをVSCodeのプロジェクト（フォルダ）に指定することになります。このフォルダの中にPythonのプログラムファイル（拡張子：py）を保存し、プログラムの作成作業を進めていくことになります。このため、Pythonのプログラムで使うデータも、Pythonのプログラムファイルの階層の近くに配置することになります。
>
> 　このように、仮想環境用のフォルダは、自動処理用データの置き場にもなりますので、普段作業している領域とするのがよいと考えます。日ごろ作業しているデスクトップ、マイドキュメントなどに仮想環境用フォルダを配置すると便利です。

●venvの動作確認

フォルダを指定したら、venvの動作確認をします。

①コマンドプロンプトのカレントディレクトリへの設定

先ほど作ったVirtual_Environment_1のフォルダパスをコマンドプロンプトのカレントディレクトリに設定します。カレントディレクトリとは、現在の作業領域の意味です（ディレクトリとは、フォルダのことです）。

コマンプロンプトで先ほど作ったフォルダ（Virtual_Environment_1）まで移動します。フォルダの移動は、「cd フォルダ名」で、下の階層のフォルダに移動します。cdとは、チェンジディレクトリ（change ディレクトリ）の意味です（フォルダ間を￥でつないで、一度に2階層、移動することもできます）。

```
C:¥Users¥【PCの名前】>cd Desktop¥Virtual_Environment_1
```

前記はデスクトップ上に仮想環境フォルダを配置した例です。PCの設定によっては、Desktopがカタカナのデスクトップになっている場合があります。または、以下のように、仮想環境のフォルダのフォルダパスをダイレクトに設定します。

```
C:¥Users¥【PCの名前】>cd C:¥Users¥【PCの名前】¥Desktop ¥Virtual_
Environment_1
```

②カレントディレクトリへの設定結果の確認

以下のように、仮想環境に設定したいフォルダを表示することができました。

```
C:¥Users¥【PCの名前】¥Desktop¥Virtual_Environment_1>
```

コマンドプロンプトの階層が、「Virtual_Environment_1」までこればOKです。

③仮想環境のアクティベート

続いて、コマンプロンプトで仮想環境をアクティベートします。

「Virtual_Environment_1」の階層で、「Scripts¥activate.bat」と入力します。

```
C:¥Users¥【PCの名前】¥Desktop¥Virtual_Environment_1>
Scripts¥activate.bat
```

実行後の画面で、「(Virtual_Environment_1)」のようにフォルダ名をかっこ付きで前の方に表示されたら仮想環境がアクティベートできています。

```
(Virtual_Environment_1) C:¥Users¥【PCの名前】¥Desktop¥Virtual_
Environment_1
```

動作確認ができたら、いったん仮想環境を無効化します。「deactivate」とコマンドを入力すると、仮想環境を無効化できます。

仮想環境を無効化したら、コマンドプロンプト画面を閉じます。

続いて、VSCode側で仮想環境を使用できるようにします。

[(3) VSCodeでの仮想環境の設定]

Pythonの仮想環境の構築については、Linux用の情報が多く、Windowsで仮想環境を構築するのに「非常に時間がかかった」、「苦労した」というお声をよく聞きます。以下にVSCodeでのWindows用の設定方法を解説します。

●Power Shellの選択

Power Shellで仮想環境を使うには、仮想環境を設定するパソコンにおいて、一度、以下の操作をする必要があります。Power Shellといっても、いくつかの場合があります。以下のPower Shellで操作をしてください。

5

ライブラリを用いた環境設定

図5.6　Windows ツール画面

VSCodeではなく、Windowsのロゴ（Windowsの窓マーク）から、アプリを探し、Power Shellを選択します。「Power Shell」とのみ書かれた方を用います。「Power Shell」とのみ書かれた方を右クリックして、「管理者として実行」から開きます。

図5.7　管理者として実行メニュー

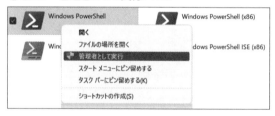

「このアプリがデバイスに変更を与えることを許可しますか。」と表示されたら、「はい」を選択します。

注意

- Power Shell（x86）は、32ビット版ですので、こちらは使用しません。
- Windows PowerShell ISEの方は、「Windows PowerShell Integrated Scripting Environment」というもので、こちらも違います。

●Power Shellのセキュリティ設定

①管理者として開いたPower Shell画面に、

「Set-ExecutionPolicy RemoteSigned」と入力します。

```
Windows PowerShell
Copyright (C) Microsoft Corporation. All rights reserved.

新機能と改善のために最新のPower Shellをインストールしてください!https://aka.
ms/PSWindows

PS C:¥Windows¥system32> Set-ExecutionPolicy RemoteSigned
```

②実行ポリシーの変更に回答します。

```
PS C:¥Windows¥system32> Set-ExecutionPolicy RemoteSigned

実行ポリシーの変更
実行ポリシーは、信頼されていないスクリプトからの保護に役立ちます。実行ポリシーを変更する
と、about_Execution_Policies
のヘルプ トピック (https://go.microsoft.com/fwlink/?LinkID=135170)
で説明されているセキュリティ上の危険にさらされる可能性があります。実行ポリシーを変更し
ますか?
[Y] はい(Y)  [A] すべて続行(A)  [N] いいえ(N)  [L] すべて無視(L)  [S] 中
断(S)  [?] ヘルプ (既定値は "N"):
```

③「Y」と入力します。

④入力後の画面に戻ったら、右上の「×」でこの画面を閉じます。

```
PS C:¥Windows¥system32 >
```

5

ライブラリを用いた環境設定

●VSCode側の設定

続いて、VSCode側の設定をします。初心者の人でも仮想環境を構築できるように以下の手順で進めます。

①すべての開いている画面を閉じます。Pythonのプログラムを開いていたら、すべて閉じます。

②選択しているフォルダがあれば、「ファイル」から、「フォルダを閉じる」を選択し、閉じます。

③Power Shellのターミナル画面が開いていたらすべて閉じます。

④画面右上の「>」マークにマウスを近づけると、ゴミ箱を表示するので、クリックすると閉じることができます。

🐍 図5.8　Shell画面の閉じ方ゴミ箱の部分

⑤続いて、VSCodeの「ファイル」➡「フォルダを開く」より、先ほど作った「Virtual_Environment_1」フォルダを選択し、開きます。
VSCodeのターミナルメニューから、「新しいターミナル」を選択し、新しいターミナルを開きます。

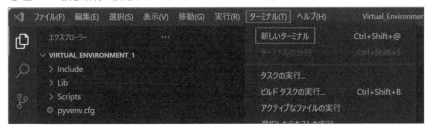

🐍 図5.9　仮想環境を設定したフォルダのターミナルを開く

⑥VSCodeのPower Shellの「新しいターミナル」画面で「Scripts¥activate.ps1」
のコマンドを実行します。

※1をつけるのを忘れないようにします。

🐍 activateコマンドを入力した状態

```
C:¥Users¥【PCの名前】¥Desktop¥Virtual_Environment_1>Scripts¥activate.
ps1
```

　実行後の画面で、「(Virtual_Environment_1)」のようにフォルダ名をかっこ付きで前
の方に表示されたら仮想環境がアクティベートできています。

```
(Virtual_Environment_1) PS C:¥Users¥【PCの名前】¥デスクトップ¥Virtual_
Environment_1>
```

　なお、仮想環境のアクティベートは、VSCodeのエクスプローラ画面に表示されてい
る「Activate.ps1」ファイルをVSCodeのターミナル画面（PowerShell）にマウスを
ドラックアンドドロップしてもアクティベートすることができます。

●仮想環境へのライブラリのインストール方法

　VSCodeのターミナル（PowerShell）に、通常と同様に以下のように入力すること
でインストールできます。

```
py -m pip install black
```

　なお、先ほど説明したblackを使用するためには、blackもインストールする必要が

あります。VSCodeのフォーマッタにblackが設定されていても、仮想環境にblackがインストールされていないので、インストールするようにメッセージが出る場合があります。そのガイダンスに従ってインストールすることもできます。

　VSCodeのターミナル（PowerShell）に、「deactivate」と入力することで仮想環境をディアクティベートできます。また、Windowsのフォルダ操作で、仮想環境を作ったフォルダそのものを削除すると仮想環境そのものを削除することができます。

●インタープリタの選択

　先の「(2) 仮想環境の構築手順」で説明したように、Python本体のpython.exeと仮想環境のpython.exeがあります。仮想環境で実行するためには、仮想環境のpython.exeが選択されている必要があります。ここまでの手順通りであれば、仮想環境のpython.exeが選択されていると思います。VSCodeの下の方を確認します。

🐍図5.10　インタープリタの選択状況

　右下の方に、「3.10.6 (' Virtual_Environment_1':venv)」とあれば、仮想環境にあるpython.exeと連携しています（上記の図のPythonのバージョンは関係ありません）。違っている場合、この部分をクリックすると、上の方にインタープリタの選択メニューが表示されます。

🐍図5.11　インタープリタの選択画面

```
3.10.6 (' Virtual_Environment_1':venv) .¥Scripts¥python.exe
```

の方を選んでください。

🐍 (4) 補足事項

　仮想環境を構築するのに苦労したという話をよく聞きます。うまく仮想環境を構築できない場合は、以下を参考にしてください。

●うまく仮想環境を構築できない

　先ほど説明したように、Pythonの環境構築において、Linuxの仮想環境の設定は情報量が多く、Windowsの仮想環境の構築に関する情報量は、多くありません。また、Linuxの操作内容をWindowsに読み替えるのは、初めての方にはハードルが高いと思います。Linuxの情報と本書の情報を合わせて読みながら実行するとどこか間違っている可能性があります。本書で指定したツール、画面のとおりに操作しているか、今一度確認をお願いします。

●VSCodeでアクティベートできない

　仮想環境を構築するとき、仮想環境ではない環境が起動していると仮想環境のアクティベーションができないことが多くあります。仮想環境を構築する前に起動した仮想環境ではないPythonを動作させていたときのファイルなどが開いていれば、閉じてください。もしもVSCodeのPower Shellで仮想環境を構築する前に起動した仮想環境ではないPythonの時に起動したものがあれば、右側のボタンを使って閉じてください。

　VSCodeのシェル画面において、Power Shell以外に、コマンドプロンプトを起動している場合は、右側のボタンを使って閉じてください。

よくある質問への答 -1

ワンポイント

　Power Shellは、アプリケーションの選択画面から、64ビット版（x86と書いていない方）を選択します。なお、「管理者権限で実行」します。
　仮想環境を構築するフォルダは新規作成します。

よくある質問への答 -2

ワンポイント

　仮想環境に設定したフォルダの中にあるScriptsというフォルダには、python.exeというファイルがあります。インタープリタには、このファイルの方を指定する必要があります。最初にインストールした側のPythonを指定していると、仮想環境で動作させることができません。
　一方でSeleniumを使用するときのChrome Driverは、最初にインストールしたPythonのpython.exeのあるフォルダに保存しないと、仮想環境にあるプログラムは動作しません。このように、実際に動作する上で、最初にインストールしたPython側のpython.exeも必要であることがわかります。

第6章

自動化に用いる
ライブラリ

Pythonの一番の魅力は、いろいろなことのできるライブラリがあることです。ここでは、自動処理によく使われるライブラリの基本操作と自動処理を行う場面での使い方を解説します。

この章でできること

- 日付を扱うことができる
- 文字列の操作ができる
- ファイル、フォルダの操作ができる
- プログラム基準でファイルパスの指定ができる
- PythonとExcel間でデータのやり取りができる

1 標準ライブラリと サードパーティのライブラリ

この章では自動処理によく用いられるライブラリを中心に解説します。
Pythonには、標準ライブラリとサードパーティが提供するライブラリがあります。ライブラリに関する詳しい内容については、以下のマニュアルなどを参考にしてください。

(1) Python標準ライブラリ

標準ライブラリは、以下のPython公式マニュアルに記載されています。

Python標準ライブラリ (Python公式マニュアル)

https://docs.python.org/ja/3/library/index.html

(2) サードパーティのライブラリ

サードパーティのライブラリに関する公式な情報は、以下のWebサイトからライブラリ名を入力して確認することができます。

Python Package Indexを使ってPythonパッケージを検索・インストール・公開する (Python公式)

https://pypi.org/

それぞれ、個別のライブラリの機能を解説しますが、以下の視点でもPythonの操作をしていることも頭の片隅に入れておいてください。

文字列・日付等の操作は、VSCodeのコマンド入力画面とターミナル画面とのやり取りとなります。

🐍 図6.1　VSCodeのコマンド入力画面とターミナル画面

ファイルの操作は、PytonでOS（Windows）を操作する内容となります。ファイル名の取得、変更等、Windowsの機能を操作します。

アプリケーションの操作は、Pythonから別のアプリケーションを操作します。読者の皆様が慣れているExcelを操作します。Pythonからアプリケーションを操作するには、VBAでExcelを操作するよりも設定する項目が増えます。また、アプリケーションとのやり取りに変数を用います。Pythonから別のアプリケーションを操作し、データのやり取りをすることは、自動処理の基本ですので、確実に理解するようにしましょう。

本章では、Excelの機能を解説することよりも、Pythonとアプリケーションのデータのやり取りができることを主眼に解説します。

さらに、実際の業務においては、上記のライブラリを組み合わせながら、ご自身の業務の自動処理を進めていくことになります。

2 日付・時刻の処理

まず、日付・時刻に関する機能を解説します。自動処理では、ファイル名、フォルダ名に日付を付ける、あるいは、処理した日時を記録するなど、日付の処理をする場面が多くあります。

本節では、以下の内容を解説します。

🐍 本書で解説する日付操作の概要

❶本日日付・時間の取得

　2023-06-11 06:08:24.527088

❷日付情報の取り出し

```
2023-06-11 ──▶ 2023   （年の情報）
            ──▶ 06    （月の情報）
            ──▶ 11    （日の情報）
```

❸日付フォーマットの変更

```
2023-06-11 ──▶ 20230611
            ──▶ 2023/06/11
            ──▶ 2023年6月11日　など
```

```
20230611 ────────┐
2023/06/11 ──────┼──▶ 2023-06-11
2023年6月11日　など ┘
```

❹日付の演算

　2023-06-11 ──▶ 2023-07-11　（1か月後）

❺**月初日、月末日の取得**

2023-06-11 ┬─▶ 2023-06-01　（月初日）
　　　　　　└─▶ 2023-06-30　（月末日）

❻**タイムゾーンを考慮した時間の表記**

UTC時間　（協定世界時）

JST時間　（タイムゾーン：Asia/Tokyo）

🐍 (1) 本日日付・時間の取得

🐍 基本_071_日付操作.py

```python
import datetime
today_time = datetime.datetime.now()
print(today_time)
```

🐍 **実行結果**

```
2023-06-11 06:08:24.527088
```

※表示する結果は、実行した日によります。

●使用するライブラリ

Pythonでは、日付の処理に、datetimeモジュールを用います。今日の日時を datetime.datetime.now()関数で取得することができます。そして、年、月、日をそれ ぞれ切り出して取り出すことができます。

●Pythonの日付の標準フォーマット

2023-04-27 06:08:24.527088　との表記は、Pythonの日付、時間の標準 フォーマットです。年月日の表記には、他にも主なもので、YYYYMMDD、YYYY/ MM/DDがありますが、年月日の計算（＊か月後）などは、標準フォーマットに戻してか ら計算します。

🐍 (2) 日付情報の取り出し

🐍 基本_071_日付操作.py (続き)

```
print (today_time.year)
print (today_time.month)
print (today_time.day)
```

🐍 実行結果

```
2023
6
11
```

🐍 (3) 日付フォーマットの変更

❶標準から他のフォーマットへ

Pythonのフォーマットから他のフォーマットへの変更方法を説明します。日付フォーマットの変更には、strftime関数を用います。datetimeオブジェクトから指定したフォーマットのデータを取り出してくれます。

🐍 datetime --- 基本的な日付型および時間型 (Python公式マニュアル)

https://docs.python.org/ja/3/library/datetime.html#datetime.datetime.strftime

このときの、%で指定するコードを「strftime() と strptime() の書式コード」といいます。

🐍 表1 strftime() と strptime() の書式コード

メソッド	説明
strftime()	Python標準フォーマットから指定したコードで、変換してくれます。
strptime()	与えられた日付フォーマットのフォーマットをこのフォーマットに当てはめると、Python標準フォーマットに変換してくれます。

上記以外にも以下のコードがあります。

🐍 strftime()とstrptime()の書式コード (Python公式マニュアル)

https://docs.python.org/ja/3/library/datetime.html?#strftime-and-strptime-format-codes

🐍 基本_071_日付操作.py (続き)

```
print (today_time.strftime('%Y年%m月%d日'))
print (today_time.strftime('%#Y年%#m月%#d日'))
print (today_time.strftime('%Y年%m月'))
print (today_time.strftime('%#Y年%#m月'))
print (today_time.strftime('%Y/%m/%d'))
print (today_time.strftime('%Y%m%d'))
print(today_time.strftime("%x %X"))
print(today_time.strftime("%a,%A"))
print(today_time.strftime("%#Y年    %#m月    %#d日"))
print(today_time.strftime("%#Yねん    %#mがつ    %#dにち"))
```

上記の実行結果は以下のようになります。#があると、0を取り除いた表記となります。

🐍 実行結果

```
2023年06月11日
2023年6月11日
2023年06月
2023年6月
2023/06/11
20230611
06/11/23 0608:35
Sun, Sunday
2023年    6月    11日
2023ねん    6がつ    11にち
```

下の2つは、筆者が即興で作ったものです。このように、書式コード以外の文字列は、そのまま含んだ状態で文字列として得られることがわかります。

❷標準以外から標準フォーマットへ

標準フォーマット以外のフォーマットからPythonのフォーマットへの変換方法を説明します。日付フォーマットを、標準フォーマット以外のフォーマットからPythonのフォーマットへ変更するときには、strptime関数を用います。Python標準フォーマットに変換してくれます。

Ⓐ YYYYMMDD を YYYY/MM/DDに変換
🐍 基本_072_ 日付フォーマットの変更.py

```python
import datetime
from datetime import datetime as dt

# YYYYMMDD を YYYY/MM/DDに変換
print("YYYYMMDD を YYYY/MM/DDに変換")
input_date_1 = "20230611"  # YYYYMMDD
additional_time_1 = dt.strptime(input_date_1, "%Y%m%d")
additional_time_2 = additional_time_1.strftime("%Y/%m/%d")

print(input_date_1)
print(additional_time_1)
print(additional_time_2)
```

いったん、Pythonの標準フォーマットに戻して変換しています。

🐍 実行結果

```
20230611
2023-06-11 00:00:00
2023/06/11
```

⑧ YYYY/MM/DD を YYYYMMDD に変換

🐍 基本_072_ 日付フォーマットの変更.py (続き)

```python
import datetime
from datetime import datetime as dt

# YYYY/MM/DD を YYYYMMDD に変換
print("YYYY/MM/DD を YYYYMMDDに変換")
input_date_2 = "2023/06/11"  # "YYYY/MM/DD
additional_time_3 = dt.strptime(input_date_2, "%Y/%m/%d")
additional_time_4 = additional_time_3.strftime("%Y%m%d")

print(input_date_2)
print(additional_time_3)
print(additional_time_4)
```

いったん、Pythonの標準フォーマットに戻していることがわかります。

🐍 実行結果

```
2023/06/11
2023-06-11 00:00:00
20230611
```

🐍 (4) 日付の演算

日付の演算のため、dateutilモジュールをインストールします。モジュール名とインポート名が異なるのでご注意ください。

```
py -m pip install python-dateutil
```

自動処理において、20230601_20230630のようなフォルダを作りたい場合があります。そのためには、指定した日付に対し、その月の月初日、月末日などを求めてYYYYMMDDタイプの文字列を作成します。

手順は以下のようになります。

①指定した日付を変数に設定する
②指定した日付をdatetime型に変換する
③当月月初日を求める（日付部分を01に変換）
④来月の月初日を求める（当月月初日に1か月足す）
⑤当月の月末日を求める（来月の月初日から1日引く）

　プログラムは以下のようになります。

🐍 基本_073_日付の計算_月初_月末日.py

```python
import datetime
from datetime import datetime as dt
from datetime import date, timedelta
from dateutil.relativedelta import relativedelta

# YYYYMMDD を datetime型に変換
input_date_1 = "20230611"  # YYYYMMDD
additional_time_1 = dt.strptime(input_date_1, "%Y%m%d")

print(input_date_1)
print(additional_time_1)

# 今月の月初日を求める
first_day_of_the_month = additional_time_1.replace(day=1)

# 来月の月初日を求める
first_day_of_the_next_month = first_day_of_the_month +
relativedelta(months=1)

# 今月の月末日を求める（来月の月初日の1日前）
last_day_of_the_the_month = first_day_of_the_next_month +
relativedelta(days=-1)

print(dt.strftime(additional_time_1, "%Y%m%d"))
print(dt.strftime(first_day_of_the_month, "%Y%m%d"))
```

```
print(dt.strftime(first_day_of_the_next_month, "%Y%m%d"))
print(dt.strftime(last_day_of_the_the_month, "%Y%m%d"))
```

🐍 実行結果

20230611
2023-06-11 00:00:00
20230611
20230601
20230701
20230630

🐍 (5) 曜日の取得

Pythonでは、曜日名を「%a：短縮形」、「%A」正式名で取得することができます。ただし、英語で取得されます。Pythonの辞書機能を使うことで日本語の曜日に変換することができます。

🐍 基本_074_曜日の変換.py

```
import datetime

day_1 = datetime.datetime.now()

dict_day_of_week = {
    "Mon": "月曜日",
    "Tue": "火曜日",
    "Wed": "水曜日",
    "Thu": "木曜日",
    "Fri": "金曜日",
    "Sat": "土曜日",
    "Sun": "日曜日",
}
day_of_week_list_en = []
day_of_week_list_jp = []
```

```
i = 0
for i in range(7):

    day_2 = day_1 + datetime.timedelta(days=i)
    day_of_week = day_2.strftime("%a")

    day_of_week_list_en.append(day_of_week)
    day_of_week_list_jp.append(dict_day_of_week[day_of_week])

print(day_of_week_list_en)
print(day_of_week_list_jp)
```

🐍実行結果

```
['Wed', 'Thu', 'Fri', 'Sat', 'Sun', 'Mon', 'Tue']
['水曜日', '木曜日', '金曜日', '土曜日', '日曜日', '月曜日', '火曜日']
```

🐍 (6) タイムゾーンの設定

　自動処理において、Pythonと他のシステムと時間のやり取りをする場合があります。これまで解説してきたのは、Pythonを使用しているPCに登録されている地域での時間（ローカル時間）でした。

　相手側のシステムが協定世界時（UTC）や、タイムゾーンを考慮している場合、時間フォーマットを考慮してやり取りする必要のある場合があります。

　以下に時間の取り扱いの主な方法を列挙します。

※以下の○数字はプログラム、および結果中の○数字に対応します。

●naiveなdatetimeオブジェクト（地域に関する情報を考慮していません）

①ローカル時間（これまでの説明。日本時間）

●awareなdatetimeオブジェクト（協定世界時との差分を考慮しています）

②協定世界時（UTC）のawareなdatetime オブジェクト

　オフセット情報（+00:00）：協定世界時（UTC）との差分表記）が追加されます。

●awareな datetime オブジェクトで日本時間を表記

③タイムゾーンを指定：ZoneInfo("Asia/Tokyo")

④時差を指定（+ datetime.timedelta（hours=9））
　両方とも、オフセット情報（+09:00）が追加されます。

⑤ISO表記
　ISOフォーマットに変換します。
　（例）2023-06-11T06:23:08.853277+00:00

⑥個別に作成
　今回は①～⑤よりもExcel用にフォーマットを作った方がよい結果となりました。
　("%Y/%m/%d" " " "%H:%M:%S")
　"%Y/%m/%d"と"%H:%M:%S"の間に半角スペースが2つ入っています。
　" "の部分です。ここの部分は、説明のために「" " "」としていますが、「　」（半角スペース2つ）のみで構いません。
　ISOフォーマットの場合、Excel側の数式設定、セルの書式設定でExcelの扱う時間に変換することができますが、数式機能を使うため、Pythonから値を入力したセルの隣に以下のような式を入力し、
　=DATEVALUE(MIDB(A2,1,10))+TIMEVALUE(MIDB(A2,12,8))+TIME(9,0,0)
　さらに、セルの書式設定で、yyyy/mm/dd　hh:mm:ssにする必要があります。

　WindowsとLinux/Macでは、PCが参照するタイムゾーン情報が異なります。標準ライブラリであるzoneinfoライブラリは、Windowsの場合、システムの中に参照できる情報がないので、ライブラリtzdataをインポートする必要があります。

```
py -m pip install tzdata
```

　次はタイムゾーンについてのマニュアルです。

🐍 zoneinfo — IANA time zone support (Python公式マニュアル)

> https://docs.python.org/3/library/zoneinfo.html

🐍 ライブラリtzdataの必要性について
　(Data source、zoneinfo --- IANA time zone support (Python公式マニュアル))

> https://docs.python.org/ja/3/library/zoneinfo.html?#data-sources

IANA Timezone IDと
Windows Timezone ID

コラム

　IANA Timezone IDとWindows Timezone IDでタイムゾーンの元データが異なります。Pythonの標準ライブラリzoneinfoが参照するタイムゾーンの情報をInternet Assigned Numbers Authority (IANA：アイアナ) という機関が管理しています (インターネット上の各種情報、ドメイン名などを管理している機関です)。

　Aware オブジェクトとNaiveオブジェクトについての解説があります。

🐍 Aware オブジェクトとNaiveオブジェクト (Python公式マニュアル)

> https://docs.python.org/ja/3/library/datetime.html#aware-and-naive-
> objects

　タイムゾーンを扱うためのastimezoneについての解説があります。

🐍 astimezon
　(AwareオブジェクトとNaiveオブジェクト (Python公式マニュアル))

> https://docs.python.org/ja/3/library/datetime.html#datetime.datetime.
> astimezone

🐍基本_075_タイムゾーンの考慮.py

```python
import time
import datetime
from datetime import datetime as dt
from datetime import timezone
from zoneinfo import ZoneInfo


today_naive = datetime.datetime.now() ·····································❶

print("naive な datetime オブジェクト")
print(today_naive, "        naive_ローカル時間")

print("")
print("aware な datetime オブジェクト")
today_UTC_aware_1 = datetime.datetime.now(timezone.utc) ········❷表記1
print(today_UTC_aware_1, "aware_UTC時間")

today_UTC_aware_2 = today_naive.astimezone(ZoneInfo("UTC")) ·· ❷表記2
print(today_UTC_aware_2, "aware_UTC時間")

today_tokyo = today_UTC_aware_2.astimezone(ZoneInfo("Asia/Tokyo"))
print(today_tokyo, "aware_JST時間") ·············································❸

today_tokyo_2 = today_UTC_aware_2 + datetime.timedelta(hours=9)
print(today_tokyo_2, "aware_JST時間") ···········································❹

print("")
print("aware な datetime オブジェクト ISO表記") ······❺ISOフォーマットUTC時間
iso_time_utc = today_UTC_aware_2.isoformat()
print(iso_time_utc, "iso_time_utc")

iso_time_tokyo = today_tokyo.isoformat() ·········❻ISOフォーマットTokyo時間
print(iso_time_tokyo, "iso_time_tokyo")

print("")
```

```
print("Excel に張り付けるための書式")  ------------- ❻ Excel に転記するためのフォーマット
excel_time = dt.strftime(today_naive, ("%Y/%m/%d" "  "
"%H:%M:%S"))
print(excel_time, "                Excel に張り付けるための書式")
```

🐍 実行結果

naive な datetime オブジェクト	
2023-06-11 17:35:01.350033	naive_ローカル時間 ----------------- ❶の手順
aware な datetime オブジェクト	
2023-06-11 08:35:01.350961+00:00	aware_UTC時間 ----------------- ❷-1の手順
2023-06-11 08:35:01.350033+00:00	aware_UTC時間 ----------------- ❷-2の手順
2023-06-11 17:35:01.350033+09:00	aware_JST時間 ----------------- ❸の手順
2023-06-11 17:35:01.350033+00:00	aware_JST時間 ----------------- ❹の手順
aware な datetime オブジェクト ISO表記	
2023-06-11T08:35:01.350033+00:00	iso_time_utc ----------------- ❺-1の手順
2023-06-11T17:35:01.350033+09:00	iso_time_tokyo ----------------- ❺-2の手順
Excelに張り付けるための書式	
2023/06/11 17:35:01	Excelに張り付けるための書式

夏時間を考慮するためのライブラリ コラム

夏時間を考慮する場合、pytzというライブラリがあります。
必要な方は、以下をご参考ください。

🐍 ライブラリ : pytz (Python公式マニュアル)

https://pypi.org/project/pytz/

ご参考：本書で解説するpandasをインストールすると、依存関係があるため、同時にインストールされます (4-3 (3) 参照)。

3　文字列処理

> Pythonでの文字列操作は、非常に充実しています。本節では、その中で、自動処理によく用いられるものを解説します。

(1) 文字列処理の概要

　文字列の操作は、ファイル名、フォルダ名の作成や、データの一致判断などに使います。

　本章で扱う、文字列処理の概要をまとめました。以下は、本節で解説する文字列処理のイメージ（一例）です。

●文字列処理の概要
①文字列の和
　フォルダ名の作成を例とします。

　「フォルダ名」と「_20230611（日付）」をつなげる
　↓
　「フォルダ名_20230611」

　ファイル名の作成を例とします。
　「TEST」と「20230611」と「.xlsx」をつなげる
　↓
　「TEST_20230611.xlsx」

②文字列の取り出し（スライス）
　文字列から指定した部分を取り出します。

　「一二三四五六七八九〇」➡「●●●●」

③文字列の置換

「台所」を「キッチン」に置換します。

「妻は台所にいます。」 ⟶ 「妻はキッチンにいます。」

ハイフンを何も指定せずに置換します。

「03-XXXX-YYYY」 ⟶ 「03XXXXYYYY」

④0 (ゼロ) 埋め処理

0 (ゼロ) 埋め処理をして数字を4桁にします。

「100」 ⟶ 「0100」

「32」 ⟶ 「0032」

「3」 ⟶ 「0003」

⑤文字列の分割

日付情報を取得して作成します。

「2023-06-11」 ⟶ リスト[2023,06,11]

⑥括弧で囲まれた文字列の取り出し

送信メールから識別番号を取り出します。

RE:RE:【ご案内-005】新商品について

↓

ご案内-005

ご回答：FW:RE:【ご案内-018】新商品について

↓

ご案内-018

⑦ファイル名に日付を付ける方法

原本ファイル名から作業用ファイル名を作成します。

月報フォーマット.xlsx

↓

月報フォーマット_202306.xlsx

⑧大文字・小文字変換

- 小文字を大文字に変換します。

python ⟶ PYTHON

- 大文字を小文字に変換します。

PYTHON ⟶ python

⑨先頭のみを大文字

先頭の文字だけを大文字に変換します。

japanese ⟶ Japanese

⑩全角・半角変換

全角文字を半角文字に変換します。

ＴＥＳＴ１２３ガギグ（全角）⟶ TEST123ｶﾞｷﾞｸﾞ（半角）
※MSゴシックフォント

半角文字を全角文字に変換します。
TEST123ｶﾞｷﾞｸﾞ（半角）⟶ ＴＥＳＴ１２３ガギグ（全角）
※MSゴシックフォント

⑪ユニコード正規化

後述します。

文字列操作についての詳しい内容は、Pythonの公式マニュアルで確認することができます。

🐍 テキスト処理サービス (Python公式マニュアル)

> https://docs.python.org/ja/3/library/text.html

🐍 (2) 文字列の和

例としてフォルダ名に日付を付ける場合について説明します。

●ファイル名の作成 (例)

Testと20240401と.xlsxをつないで、Test20240401.xlsxというファイル名を作成します。

🐍 基本_081_文字列の取り扱い.py

```python
# 文字列の和
x01 = "フォルダ名" + "_20230611"
print(x01)


x02 = "TEST" + "_20230611" + ".xlsx"
print(x02)
```

🐍 実行結果　Power Shell

```
フォルダ名_20230611
TEST_20230203.xlsx
```

🐍 (3) 文字の取り出し

文字の取り出し (前方から＊文字、後方から＊文字、＊文字目から＊文字目) について説明します。
ここでは「一二三四五六七八九〇」の文字列を用いて説明します。

📎 基本_081_文字列の取り扱い.py（続き）

```
#  文字列のスライス
str_11 = "一二三四五六七八九〇"  # 元の文字列

print(str_11[0:10])  # 1文字目から10文字目
print(str_11[0:3])   # 1文字目から3文字目
print(str_11[:3])    # 1文字目から3文字目
print(str_11[4:10])  # 5文字目から10文字目
print(str_11[4:])    # 5文字目から10文字目
print(str_11[4:6])   # 5文字目から6文字目
print(str_11[:-4])   # 後ろから5文字目まで
```

📎 実行結果

```
一二三四五六七八九〇
一二三
一二三
五六七八九〇
五六七八九〇
五六
一二三四五六
```

📎 (4) 文字列の置換

文字列の置換には、replace関数を用います。

📎 文字列メソッド (replace)、(Python公式マニュアル)

https://docs.python.org/ja/3/library/stdtypes.html#str.replace

ここでは次の例を使った文字列の置換を説明します。

- 台所をキッチンに変更する
- 電話番号、郵便番号から、スペースを除く

🐍 基本_081_文字列の取り扱い.py（続き）

```
# 文字列の置換
# ＜例：台所をキッチンに変更＞
str03 = "妻は台所にいます。"
str03_2 = str03.replace("台所", "キッチン")
print(str03_2)


# 03-XXXX-YYYY を 20240313に変更
str04 = "03-XXXX-YYYY"
str04_2 = str04.replace("-", "")
print(str04_2)


# 151-ZZZZ を 151ZZZZに変更
str05 = "151-ZZZZ"
str05_2 = str05.replace("-", "")
print(str05_2)
```

🐍 実行結果　Power Shell

```
妻はキッチンにいます。
03XXXXYYYY
151ZZZZ
```

🐍 (5) 0 (ゼロ) 埋め処理

1から100までの数字があるとき、それをファイル名の先頭につけた場合、ソートをかけると数字のときと順番が変わってしまいます。そこで、0で埋めて4桁の文字列を取得すると、数字のときと同様にソートをかけて並べることができます。

ここでは次の例を使って説明します。
4桁の0 (ゼロ) 埋め数字を取得する。
100 ⟶ 0100
32 ⟶ 0032
3 ⟶ 0003

元の値が数字（32）の場合は、そのままでは0（ゼロ）埋めできないため、いったん、str(value_01)を使って文字列の「32」に変換しています。

🐍基本_081_文字列の取り扱い.py（続き）

```
# 32（数値）を0埋めして0032に変更

value_01 = 32
str_01 = str(value_01)
zfill_no = str_01.zfill(5)
print(zfill_no)
```

🐍実行結果

```
00032
```

🐍 (6) 文字列の分割

指定した文字によって文字列を分割します。分割して得られる値は、リストとして習得されます。

🐍基本_081_文字列の取り扱い.py（続き）

```
# 文字列の分割
# 2023-06-11　から　リスト[2023,06,11]を作成
str03 = "2023-06-11"

str_list = str03.split("-")
print(str_list)
```

🐍実行結果

```
['2023', '06', '11']
```

🐍 (7) 括弧で囲まれた文字列の取り出し

　これは、Pythonの関数を組み合わせて取り出しています。括弧の前と後では記号が異なるため、split関数が使えません。そこで【を■に変換し、】を■に変換して、■を区切り文字として、split関数で分割しています。

　【を】に変換してもよいのですが、実務上、■と■で囲まれた状態を目視で確認することがチェックしやすいのでこのようにしました。

🐍 基本_081_文字列の取り扱い.py（続き）

```
# 括弧で囲まれた文字列の取り出し

str06 = "RE:RE:【ご案内-005】新商品について"
print(str06)
str07 = str06.replace("【", "■")
print(str07)
str08 = str07.replace("】", "■")
print(str08)
str_list2 = str08.split("■")
print(str_list2)
print(str_list2[1])
```

🐍 実行結果

```
RE:RE:【ご案内-005】新商品について
RE:RE:■ご案内-005】新商品について
RE:RE:■ご案内-005■新商品について
['RE:RE:', 'ご案内-005', '新商品について']
ご案内-005
```

　得られたリストをスライスし、インデント番号1（リストの2番目）の値を取得し、括弧の中の文字列を取得しています。

　【】の中が連番になっていたり、数パターンある場合、単純に文字列の一致で取り出せないので、この方法が便利です。

🐍 (8) ファイル名に日付を付ける方法

元ファイルが「月報フォーマット.xlsx」であり、今月の月報のファイル名「月報フォーマット_202306.xlsx」のようにファイル名に日付を入れるときは、以下のようになります。

「月報フォーマット」と拡張子「.xlsx」の間に日付を入れます。

🐍 基本_081_文字列の取り扱い.py (続き)

```python
original_file = "月報フォーマット.xlsx"
print(original_file)
print(original_file[:-5])
new_file = original_file[:-5] + "_202306" + ".xlsx"
print(new_file)
```

🐍 実行結果

```
月報フォーマット.xlsx
月報フォーマット
月報フォーマット_202306.xlsx
```

🐍 (9) 大文字・小文字変換

文字列の大文字への変換、小文字への変換の方法を説明します。

Ⓐ 大文字に変換する場合
🐍 基本_081_文字列の取り扱い.py (続き)

```python
str_21 = "python"
str_22 = str_21.upper()
print(str_22)
```

Ⓑ 小文字に変換する場合
🐍 基本_081_文字列の取り扱い.py (続き)

```python
str_23 = "PYTHON"
str_24 = str_23.lower()
```

```
print(str_24)
```

 実行結果

```
PYTHON
python
```

(10) 先頭のみを大文字にする

先頭の文字列だけを大文字に変換します。

 基本_081_文字列の取り扱い.py (続き)

```
str_15 = "japanese"
str_16 = str_15.capitalize()
print(str_16)
```

 実行結果

```
Japanese
```

 文字列メソッド (Python公式マニュアル)

https://docs.python.org/ja/3/library/stdtypes.html#string-methods

---

大量のデータを処理する場合 コラム

大量の資料の処理をする場合は、mojimojiというライブラリがよいようです。

https://pypi.org/project/mojimoji2/

ただし、設定が難しいので、参考情報として掲載します。

（11）全角半角変換

　半角全角変換は、日本語の文字列処理になるため、Pythonの標準ライブラリにはない機能です。そのため、サードパーティのライブラリをインストールして使います。

　今回は、zenhanというライブラリを用います。他のライブラリもありますが、扱いやすいので、このライブラリを選択しました。

　zenhanをインストールします。コマンドプロンプト（CMD）で次のように入力します。

```
py -m pip install zenhan
```

zenhan公式資料

https://github.com/michilu/zenhan-py

　モードによって、変換内容（数字、カタカナ、英字、記号）を変えます。Pythonの標準ライブラリではないこと、および、公式資料でわかりにくいこともありますので、それぞれのモードでの動作を以下に示します。

コマンド

```
import zenhan

# 全角から半角へ ===============
print("全角から半角へ")
test_text_1 = "ＴＥＳＴ１２３アイウエオガギグゲゴ　カード：＊／＜＞？￥"
print("元データ", test_text_1)
hankaku_test_text_1_0 = zenhan.z2h(test_text_1)
print(hankaku_test_text_1_0, "　　　　指定無し、すべて変換")
```

　同じような内容が続きますので、プログラムコードの掲載は省略します。ダウンロードしていただく配布プログラムには、モード7まで実施しています。結果は、この後、表にまとめています。

　以下は、半角から全角への変換です。

🐍 基本_083_文字列操作_全角半角_変換.py

```python
# 半角から全角へ ================
print("半角から全角へ")
test_text_2 = "TEST123ｱｲｳｴｵｶﾞｷﾞｸﾞｹﾞｺﾞ ｶｰﾄﾞ :*/<>?¥¥"
print("元データ", test_text_2)
zenkakutest_text_2_0 = zenhan.h2z(test_text_2)
print(zenkakutest_text_2_0, "    指定無し、すべて変換")
```

🐍 実行結果

全角から半角へ	
元データ ＴＥＳＴ１２３アイウエオガギグゲゴ　カード：＊／＜＞？￥	
TEST123ｱｲｳｴｵｶﾞｷﾞｸﾞｹﾞｺﾞ ｶｰﾄﾞ :*/<>?¥	指定無し、すべて変換
TEST123アイウエオガギグゲゴ　カード：＊／＜＞？￥	モード1、英語、記号を変換
ＴＥＳＴ123アイウエオガギグゲゴ　カード:*/<>?¥	モード2、数字を変換
TEST123アイウエオガギグゲゴ　カード：＊／＜＞？￥	モード3、英語、数字、記号を変換
ＴＥＳＴ123ｱｲｳｴｵｶﾞｷﾞｸﾞｹﾞｺﾞ　ｶｰﾄﾞ：＊／＜＞？￥	モード4、カタカナ、記号を変換
TEST123ｱｲｳｴｵｶﾞｷﾞｸﾞｹﾞｺﾞ ｶｰﾄﾞ:*/<>?¥	モード5、英語、カタカナ、記号を変換
ＴＥＳＴ123ｱｲｳｴｵｶﾞｷﾞｸﾞｹﾞｺﾞ　ｶｰﾄﾞ：＊／＜＞？￥	モード6、数字、カタカナを変換
TEST123ｱｲｳｴｵｶﾞｷﾞｸﾞｹﾞｺﾞ ｶｰﾄﾞ:*/<>?¥	モード7、すべて変換

半角から全角へ	
元データ TEST123ｱｲｳｴｵｶﾞｷﾞｸﾞｹﾞｺﾞ ｶｰﾄﾞ:*/<>?¥	
ＴＥＳＴ１２３アイウエオガギグゲゴ　カード：＊／＜＞？￥	指定無し、すべて変換
ＴＥＳＴ123ｱｲｳｴｵｶﾞｷﾞｸﾞｹﾞｺﾞ　ｶｰﾄﾞ：＊／＜＞？￥	モード1、英語、記号を変換
TEST123ｱｲｳｴｵｶﾞｷﾞｸﾞｹﾞｺﾞ ｶｰﾄﾞ:*/<>?¥	モード2、数字を変換
ＴＥＳＴ123ｱｲｳｴｵｶﾞｷﾞｸﾞｹﾞｺﾞ　ｶｰﾄﾞ：＊／＜＞？￥	モード3、英語、数字、記号を変換
TEST123アイウエオガギグゲゴ　カード:*/<>?¥	モード4、カタカナ、記号を変換
ＴＥＳＴ１２３アイウエオガギグゲゴ　カード：＊／＜＞？￥	モード5、英語、カタカナ、記号を変換
TEST123アイウエオガギグゲゴ　カード:*/<>?¥	モード6、数字、カタカナを変換
ＴＥＳＴ１２３アイウエオガギグゲゴ　カード：＊／＜＞？￥	モード7、すべて変換

zenhanのモードごとの変換内容です。

📌 表2　zenhanの変換表.xlsx

mode	英語	数字	カタカナ	記号
指定無し	○	○	○	○
1	○			○
2		○		
3	○	○		○
4			○	○
5	○		○	○
6		○	○	
7	○	○	○	○

なお、実際の業務に活用される前には、確認してから使用してください。

🐍 (12) ユニコード正規化

ユニコード正規化については、あまり聞いたことがないかもしれません。業務用のシステムを設計する場合は、十分な理解が必要となりますが、難しい内容になりますので、本書では、事務業務の効率化において想定されるトラブルの原因の理解、トラブルを回避できるレベルで解説します。

Ⓐ ユニコード正規化に関する問題

大まかに説明すると、画面上での見た目には、同じ文字のように見えても、実際には、文字コード（文字に与えられた番号）としては、異なる場合があることによる問題です。

※見た目で違っている文字を正規化の対象とする場合もありますが、困るのは、見た目で同じように見える場合が主です。

Ⓑ 見た目に同じように見えて文字コードが異なる場合

●(Ⓑ-1) スペースのように見えてスペースではない場合

見た目はスペースだけど、スペースではない、NBSPというものがあります。

NBSPとは、ノーブレークスペース（No-Break Space）といいます。

英語の文章のように、単語と単語の間をスペースで埋めているとき、通常のスペースだと、スペースの部分で改行されます。一方、NBSPの場合は、改行されません。

NBSPについて、理解をしていただくために、Wordを使って説明します。Wordで「挿入」➡「記号と特殊文字」➡「その他の記号」を選択します。文字パレットが表示されます。

以下は、spaceの場合です。

🐍 図6.2　文字パレット_スペース

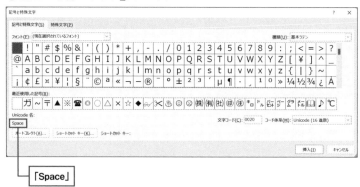

└─「Space」

以下は空白なのですが、spaceではなく、No-Break Spaceです。

🐍 図6.3　文字パレット

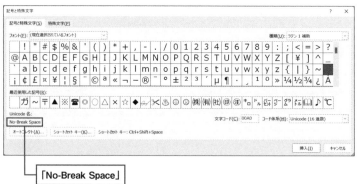

└─「No-Break Space」

このように、見た目がスペースであっても、別のものがデータに含まれている場合があります。スペースに関して、NBSP以外にもあります。

● **(❸-2) 1つの文字を2文字分の文字コードで表す場合**

日本語の中で「ガ」という文字を表記するとき、1つの文字を「ガ」という文字で表している場合と、「カ」と「゛」を合成して「ガ」と表記している場合があります。

合成して「ガ」となる文字の入力が難しいので、以下のプログラムを用いて解説します。以下のプログラムでは、「が」という文字列をユニコード正規化のライブラリを用いて、見た目上は、「ガ」に見える文字に変換しています。その際の変換方法の設定の違い（NFKC、NFKD）によって、単一の文字かどうかが変わります。

🐍 基本085_ガとガの違いについて.py

```python
import unicodedata

original_text = "ガ"

text_one_code = unicodedata.normalize("NFKC", original_text)
text_two_code = unicodedata.normalize("NFKD", original_text)

print(text_one_code)
print(text_two_code)

if text_one_code == text_two_code:
    print(text_one_code, "と", text_two_code, "は同じです。")

else:
    print(text_one_code, "と", text_two_code, "は違います。")

encode_text_one_code = text_one_code.encode("utf-8")
encode_text_two_code = text_two_code.encode("utf-8")

print(encode_text_one_code)
print(encode_text_two_code)

f = open("ガの比較.csv", "w", encoding="utf-8")
f.write(text_one_code)
f.write(text_two_code)
f.close()
```

実行結果は以下のようになります。どちらの変換によっても、見た目上「ガ」となりました。しかし、上の「ガ」は、文字コードでは、「¥xe3¥x82¥xac」となり、1文字分の情報からできています。一方、下の「ガ」は、文字コードでは、「¥xe3¥x82¥xab¥xe3¥x82¥x99」となっており、2文字分の情報を持つ文字に変換されていることがわかります。

🐍 実行結果

```
ガ
ガ
ガ と ガ は違います。
b'¥xe3¥x82¥xac'
b'¥xe3¥x82¥xab¥xe3¥x82¥x99'
```

※Python VSCodeの設定等によって一方の「が」は表示されません。同じPC、VSCodeでも表示される日と、されない日がありました。

また、上記のプログラムで、「ガの比較.csv」というファイルがプログラムファイルと同一の階層にできます。このファイルをExcelで以下の方法で開くと、CSVファイルをUTF-8のままの状態で表示することができます。

Excelを起動し、新規シートを作成します。
リボンのメニュー「データ」を選択、「データの取得」➡「ファイルから」➡「テキストまたはCSVから」➡ファイル「ガの比較.csv」を選択、「UTF-8」になっていることを確認し、「読み込み」で表示します。画面のサイズを拡大します。以下のように表示します。よく見ると2つのガの点の位置が違うことが分かります。

🐍 図6.4 ガの比較

ユニコード正規化に関する問題の例

見た目上、ほぼ同じで、普通に見ただけではわかりません。文字コードとしては異なるため、様々な問題が発生します。

●(C-1) システム連携の問題

あるシステムにおいて、ユニコード上、文字列の「ガ」を「カ」と「゛」を別の文字で取り扱っている場合、そのデータを別のシステムに転記や、アップロードしたとき、そのシステムが対応していないとエラーとなります。

●(C-2) データ分析の問題

また、データを分析するとき、同じように見えているデータであっても、文字コードとして別の文字コードを使っていると、同じデータとして扱わない問題があります。

ⓓ ユニコードの正規化プログラム

このような問題を解決するため、Pythonでは、バージョン3.6以降、ユニコードの正規化のためのライブラリができました。

🐍 Unicodeデータベース (Python公式マニュアル)

https://docs.python.org/ja/3/library/unicodedata.html

以下にユニコードの正規化のための事例を説明します。ユニコードの正規化の対象には、濁点を含む文字、NBSPなどだけでなく、数字、半角、全角、丸数字なども対象としています。

変換のモードには、NFC、NFKC、NFD、NFKDがあります。それぞれ、以下を表しています。

- NFD：Normalization Form Canonical Decomposition
- NFC：Normalization Form Canonical Composition
- NFKD：Normalization Form Compatibility Decomposition
- NFKC：Normalization Form Compatibility Composition

どれを選ぶのが正解なのかどうかは、システム間の連携として適切なものを選ぶことになると思いますが、「NFKC」とする場合が多いように思います。

NFKCの場合、濁点付きのカタカナは、全角1文字のカタカナになります。数字は、全角、〇数字共に、半角の数字になります。NBSPは、半角のスペースになります。

　次のプログラムは、プログラム　半角カタカナ　全角数字、○数字、全角英文字の内容です。

🐍 基本084_ユニコード正規化.py

```python
import unicodedata

text_1 = ｽｽﾞｷ 123 ①②③ ＡＢＣ"
text_2 = unicodedata.normalize("NFKC", text_1)
print(text_2)
```

🐍 実行結果

```
スズキ 123 123 ABC
```

以下は、NBSPを正規化するプログラムです。
　先ほど、WordでNBSPを入力する方法を説明しましたが、WindowsのVSCodeにNBSPを入力するのは難しいので、UTF-8環境で作り、VSCodeまで持ってきました。以下のコードは、念のため、PythonのVSCodeがUTF-8環境であることを確認しています（VSCodeでPythonを扱うときは、UTF-8環境です）。

🐍 コード

```python
import sys
sys.getdefaultencoding()
```

　VSCode上で、NBSPの上にカーソルを持っていくと、U+00a0の文字があることがわかります。

🐍 図6.5　VSCodeでの確認画面

これをunicodedata.normalize("NFKC", text_nbsp)で正規化し、スペースと比較し、一致していることがわかります。

🐍基本084_nbspとスペースの違い.py

```python
import unicodedata
import sys


# getdefaultencoding() 文字コードを確認
print("VSCodeの文字コードを確認:", sys.getdefaultencoding())

text_nbsp = " "
text_nbsp_normalize = unicodedata.normalize("NFKC", text_nbsp)

print(text_nbsp, "←変換前の文字")
print(text_nbsp_normalize, "←変換後の文字")

print(text_nbsp.encode("utf-8"), "←変換前の文字コード")

if text_nbsp == text_nbsp_normalize:
    print(text_nbsp, "と", text_nbsp_normalize, "は同じです。")
else:
    print(text_nbsp, "と", text_nbsp_normalize, "は違います。")

text_space = " "
if text_nbsp_normalize == text_space:
    print("正規化できてスペースに変換しました。")
else:
    print("スペースではありません")
```

🐍実行結果

```
VSCodeの文字コードを確認: utf-8
    ←変換前の文字
    ←変換後の文字
b'\xc2\xa0' ←変換前の文字コード
```

> と　　は違います。
> 正規化できてスペースに変換しました。

❺ ビジネス視点において

　Pythonでシステム間の連携をする場合、システム側で正規化している内容であっても、自分でシステムの外で処理する場合は、プログラムとして正規化の操作をする必要がある場合もあります。

　また、ビジネス環境がグローバルに広がっていく中、海外のお客様との取引の中で、2バイト系の文字（ひらがなや漢字などの全角の文字）の取り扱いに慣れていないシステムを今後、使用される場合があるかもしれません。そのような場合にユニコードの正規化について知っていると役に立つと思います。

❻ 考えられる対策の例

　このユニコード正規化に関する問題に遭遇したときの対策の例です。

①データの内容に関して

　現実としては、各種システム側で対策を進めているケースも多いと思います。そういう中で、ユニコード正規化に関する問題がごくまれにあり、また、異常が起こるデータが古いのであれば、システムに入れ直して再出力するのも1つの方法だと思います。ごくまれに発生する問題であれば、第1の対策だと思います。

②データのユニコード正規化

　本書で用いた方法で変換すると解決する可能性があると思います。その場合は、お互いのシステムの正規化の変換モード（NFC、NFKC、NFD、NFKD）を確認するか、1つずつ試してみるとよいと思います。

③システム側の対策

　あまりに頻発するようでしたら、システム側にもユニコード正規化の処理を追加していだだくことも1つの方法だと思います。

　使っているシステムにもよると思いますが、Pythonのユニコード正規化のライブラリのようなものがあり、対応可能な場合もあると思います。

4 ファイル処理

自動処理では、ファイル・フォルダ操作などを行う場合があります。これらは、OSであるWindowsを操作する機能になります。

(1) ファイル操作・フォルダ操作

Pythonのユーザには、Linux、Macユーザが多くおり、インターネット上にもLinux、Macでのファイル操作に関する情報も多くあります。

ファイル操作、フォルダ操作は、OSの機能に関する部分ですので、Linux、MacとWindowsでは異なっている点が多くあり、Windowsの情報なのか確認しながら読む必要があります。

本書は、Windowsユーザを対象としていますので、そのまま業務に使用することができます。以下に事務用務の効率化によく用いられるファイル操作、フォルダ操作について、解説します。本節で説明することをまとめました。

- Windows でのパスの書き方
- 相対パスと絶対パスの理解
- ライブラリへの設定方法の理解
- プログラムファイルを基準としたファイルパスの設定方法の理解
- フォルダ中のファイル名一覧、ファイルパス一覧の取得

(2) Windowsのファイルパス

❶ ファイルパスとは

Pythonで操作するファイルやフォルダを指定するとき、ファイルパス、フォルダパスとして指定します。具体的にイメージがつきやすいように、Windowsの画面で確認してみます。

🖶 図6.6 パスのコピー

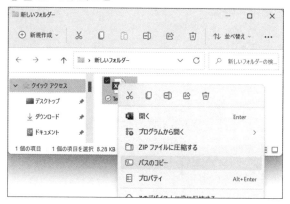

　Windowsのエクスプローラ上のファイルにマウスを置いて、右クリック（Windows11）、あるいは、shift＋右クリック（Windows10）をすると、クリップボードにファイルパスの値が入ります。

　上記の場合、以下の内容がクリップボードに入ります。

"C:¥Users¥【PCの名前】¥Desktop¥新しいフォルダー¥Test.xlsx"

　このように、Windowsのデスクトップ上にフォルダAが存在する場合、フォルダAの絶対パスは、以下のようになります。

```
C:¥Users¥【PCの名前】¥Desktop¥フォルダA

Desktop¥フォルダA
        ├Program.py
        └Test_1.xlsx
```

　また、プログラムのファイルパスは以下のようになります。

C:¥Users¥【PCの名前】¥Desktop¥フォルダA¥ Program.py

Excelのファイル（Test_1.xlsx）のファイルパスは以下のようになります。

C:¥Users¥【PCの名前】¥Desktop¥フォルダA¥Test_1.xlsx

※Windowsのパス区切り文字は、¥となります。VSCode上では、バックスラッシュで表記されます（Windowsのバージョン、VSCodeのバージョン、フォントによっては、VSCode上でも、¥で表示される場合もあります）。

　このようにして、ファイルパス、フォルダパスによってPC上の各ファイル、フォルダを指定することができます。

❷ファイルパスにPCの名前が入る点について

　ところで、気づいた人も多いと思いますが、ファイルパスを見てみると、ファイルパスの中には、各PCの名前が含まれています。

　Pythonのプログラムでファイルパスを指定するとき、このようなPCの名前が入ったパスで表したファイルパスをプログラムに記入すると、他の人にプログラムをお渡しするとき、毎回、その方のPCの名前にプログラムを修正する必要があります。そこで各PC共通のプログラムとして記述できるようにします。

(3) ファイルパスにPCの名前が入らないようにする方法

●絶対パスと相対パスについて

　ファイルを指定するときに、絶対パスと相対パスという概念があります。

　絶対パスというのは、例えて言うと、「Aさんの住所」に相当します。また、相対パスというのは、「お隣さん」と言うように、自分の家を基準にして相手を表現するようなことです。

　以下の図は、実際のプログラムにファイルパスを指定する時の説明になります。以下の図のようなPythonのプログラム、フォルダ、プログラムの配置である時、絶対パスと相対パスのことを考えてみます。相対パスはプログラム基準で考えます。

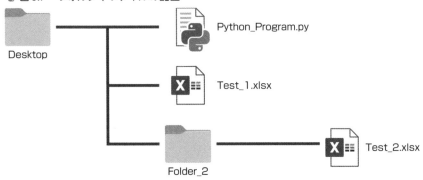

図6.7　フォルダやファイルの配置

●ライブラリでの指定方法

library(" ")の ("")の中にファイルパスを設定します。

🐍絶対パス

```
library("C:¥¥Users¥¥[Desktop]¥¥Desktop¥¥Test.xlsx")
library("C:¥¥Users¥¥[Desktop]¥¥Desktop¥¥Folder_2¥¥Test.xlsx")
```

🐍相対パス

```
library("Test1.xlsx")
```

```
library("Folder_2¥¥Test1.xlsx")
```

　ここで、ライブラリの引数にファイルパス、フォルダパスを設定するときは、""で囲み、パス区切り文字の¥を2つ重ねて¥¥のようにします。Windowsの機能であるパスのコピーで得られたものをそのまま使えませんのでご注意ください。

●相対パスの問題点

　相対パスの方が、簡単に書けるのですが、ライブラリによっては、相対パスで指定できない、あるいは、安定的に動作しないものがあります。

　また、自動処理においては、作業中の現在のフォルダ（カレントディレクトリ）が変わることが多くあります。要するに相対パスの基準点がプログラムの実行中に代わる場合が多くあります。また、後から作業を追加したことで、相対パスの基準点が変わる場合

もあります。こういった問題点、プログラムを修正したときに困らないようにするため、プログラムファイル基準の絶対パスで表記することを基本として本書では扱います。

さらに、基準点をプログラムファイルとしつつ、PCを変えても対応できるように次項のように設定します。

🐍 (4) プログラムファイル基準のファイルパス

●Pythonのプログラムの絶対パス

先ほどのファイル配置のとき、PythonのプログラムとExcelファイルは同じフォルダの階層です。それぞれのファイルパス以下のようになります。

🐍 Pythonのプログラムのファイルパス

```
"C:¥¥Users¥¥[Desktop]¥¥Desktop¥¥Python Program.py
```

🐍 Excelファイルのファイルパス

```
"C:¥¥Users¥¥[Desktop]¥¥Desktop¥¥Test.xlsx"
```

そこで、この2つのファイルの共通部分をもとに、Excelファイルのファイルパスを作ります。

Pythonのプログラムファイルの絶対パスは、「__file__」で表記されるというルールがあります。「__」の部分は、半角のアンダーバーが2つです。よって、上記の場合、__file__ は、この事例の場合、以下の意味となります。

```
C:¥Users¥[PCの名前]¥Desktop¥Program.py
```

●Pythonのプログラムのあるフォルダの絶対パス

ファイルのあるフォルダの絶対パスはos.path.dirname()で求めることができます。

dirとは、ディレクトリといい、Windows以外のLinuxなどではフォルダのことを意味します。os.path.dirname()を用いてPythonのプログラムのあるフォルダのフォルダパスを取得することができます。

```
os.path.dirname(__file__)
```

上記の内容は、以下のようなプログラムファイルのあるフォルダの絶対パスを表示し

ます。

```
C:¥Users¥【PCの名前】¥Desktop
```

🐍 (5) プログラムのあるフォルダとファイル名の連結

●os.sepによる連結

プログラム基準のフォルダパスを求めることができましたので、ファイルパスを求めます。上記のフォルダパスと、Excelのファイル名を連結してファイルパスを作ります。

🐍 コード

```
# エクセルファイルのパス
excel_file_path = folder_path + os.sep + " Test_1.xlsx"
```

ここで、os.sepとは、パス区切り文字を意味します。フォルダとフォルダ、フォルダとファイルをつなげるときは、os.sepを用います。

Windowsと、Linux、Macでは、パス区切り文字が異なりますが、OSの違いを考慮したパス区切り文字として使うことができます。パス区切り文字を「¥¥」のように記入すると、OSが変わったときに動作しませんので、ご注意ください。

ここまでの説明を合わせると以下のようになります。本書では、基本的に以下の方法でファイルを指定していきます。

🐍 ファイルパスの取得.py

```python
import os

# 以下にサンプルプログラム基準のエクセルファイルパスを定義する。
# プログラムファイルのディレクトリパス (folder_path) の取得
folder_path = os.path.dirname(__file__)
print("プログラムファイルのディレクトリパス:", folder_path)

# エクセルファイルのパス
excel_file_path = folder_path + os.sep + "Test_1.xlsx"
print("エクセルファイルのパス:", excel_file_path)
```

　よって、上記のような表記によって、Test_1.xlsxのプログラム基準のファイルパスを求めることができました。

●os.path.join、pathlibによる連結

以下のように階層が深くなる場合は、以下のように定義することもできます。

```
Desktop¥フォルダA
        ├─Program.py
        ├─Test_1.xlsx
        └─フォルダB
              └─Test_2.xlsx
```

🐍 ファイルパスの取得.py（同じファイル）

```python
from pathlib import Path


# プログラムファイルのディレクトリパス（folder_path）の取得
folder_path = os.path.dirname(__file__)
print("プログラムファイルのディレクトリパス:", folder_path)


# エクセルファイルのパス
excel_file_path_B = folder_path + os.sep + "フォルダB" + os.sep +
"Test_2.xlsx"                                                     ❶
print("エクセルファイルのパス:", excel_file_path_B)


excel_file_path_B_2 = os.path.join(folder_path, "フォルダB",
"Test_2.xlsx")                                                   ❷
print("エクセルファイルのパス:", excel_file_path_B_2)


excel_file_path_B_3 = Path(folder_path, "フォルダB", "Test_2.xlsx")  ❸
print("エクセルファイルのパス:", excel_file_path_B_3)
```

🐍 実行結果

```
プログラムファイルのディレクトリパス：c:¥Users¥ [PCの名前] ¥Desktop¥フォルダA
エクセルファイルのパス：c:¥Users¥ [PCの名前] ¥Desktop¥フォルダA¥Test_1.xlsx
エクセルファイルのパス：c:¥Users¥ [PCの名前] ¥Desktop¥フォルダA¥Test_1.xlsx
エクセルファイルのパス：c:¥Users¥ [PCの名前] ¥Desktop¥フォルダA¥Test_1.xlsx

プログラムファイルのディレクトリパス：c:¥Users¥ [PCの名前] ¥Desktop¥フォルダA
エクセルファイルのパス：c:¥Users¥ [PCの名前] ¥Desktop¥フォルダA¥フォルダB¥Test_2.
xlsx
エクセルファイルのパス：c:¥Users¥ [PCの名前] ¥Desktop¥フォルダA¥フォルダB¥Test_2.
xlsx
エクセルファイルのパス：c:¥Users¥ [PCの名前] ¥Desktop¥フォルダA¥フォルダB¥Test_2.
xlsx
```

● os.sepでつなぐ方法（❶）

　方法❶だと、プログラムが長くなります。フォルダ、ファイルをつなぐ方法には、os.path.join()を使う方法（❷）と、pathlibのPathを用いる方法（❸）があります。

　Pythonでファイル操作を調べるとき、WindowsとLinuxの情報が混在しており、また、見たことのないライブラリがあると混乱してしまう可能性がありますので、❷と❸の方法も例示しました。

フォルダ処理のライブラリについて

 コラム

　os.sepでパスをつなぐ方法、os.path.join、pathlibによる方法の3つがあります。自分でプログラムを書くのであれば、1つの方法を知っていれば十分です。インターネット上で他の方の書いたプログラムを見る場合がありますので、その場合のことも考えて3つ例示しました。

　3つの方法の中では、os.path.join()を使うケースが多いとは思いますが、業務の担当者間でPythonのプログラムを引き継ぐとき、簡単な方が業務の引継ぎをしやすく、属人化したプログラムスキルよりも、簡単な方法で共有できることを優先し、本書では、os.sepで説明します。

　執筆時点では、pathlibはPythonの詳しい方、Linuxを使用している方、海外のサイトでの情報の比率が高いように思います。今後、増加していくのではないかと思います。

🐍 os.path --- 共通のパス名操作 (Python公式マニュアル)

> https://docs.python.org/ja/3/library/os.path.html?#module-os.path

🐍 pathlib --- オブジェクト指向のファイルシステムパス (Python公式マニュアル)

> https://docs.python.org/ja/3/library/pathlib.html#module-pathlib
>
> モジュールは高水準のパスオブジェクトを提供します。

🐍 (6) フォルダ中のファイル名リストの取得

●プログラムと同一階層の場合 (globを使用)

　自動処理において、フォルダ中のファイルを1つずつ処理することはよくあります。ここでは、フォルダ中のファイル名を取得する方法を解説します。

　ファイル名やファイルパスはリストとして得られますので、1つずつ処理を繰り返すことで連続処理が可能になります。

🐍 図6.8　フォルダ中のファイルの配置

　上記のようにプログラムとExcel、PowerPointのファイルが同階層にある場合について説明します。

　フォルダ中のファイル名の取得には、globモジュールを使います。以下の3つのパターンで情報を取り出します。

①このフォルダ中のすべてのファイル名の取得
②拡張子が.pptx（PowerPointファイル）のファイル名の取得
③拡張子が.pptx（PowerPointファイル）のファイルのファイルパスの取得

🐍 ファイルリストの取得_glob.py

```python
import os
import glob


# すべてのファイルのファイル名の取得 ----------------------------------------- ❶
file_list_all = glob.glob("*")
print(file_list_all)


# 拡張子 (pptx) のファイルのファイル名の取得 ------------------------------ ❷
file_list_pptx = glob.glob("*.pptx")
print(file_list_pptx)


# 拡張子 (pptx) のファイルのファイルパスの取得 --------------------------- ❸
folder_path = os.path.dirname(__file__)
target_path = folder_path + os.sep + "*.pptx"
path_list = glob.glob(target_path)


for i in path_list:
    print(i)
```

🐍 実行結果

```
['Test1.pptx', 'Test2.pptx', 'Test3.pptx', 'Test_1.xlsx', 'Test_2.
xlsx', 'Test_3.xlsx', 'ファイルリストの取得_glob.py'] ----------------- ❶
['Test1.pptx', 'Test2.pptx', 'Test3.pptx'] ------------------------- ❷
C:¥Users¥【PCの名前】¥デスクトップ¥フォルダー_A¥Test1.pptx ---------------- ❸
C:¥Users¥【PCの名前】¥デスクトップ¥フォルダー_A¥Test2.pptx
C:¥Users¥【PCの名前】¥デスクトップ¥フォルダー_A¥Test3.pptx
```

上記のように、glob.glob()の引数に (*) を指定すると、プログラムファイルと同階層のすべてのファイルのファイル名を取得します。

glob.glob("*.pptx ")とすると、プログラムファイルと同階層のすべてのファイルの中で、拡張子が（.pptx）のファイル名を取得します。

プログラムファイルのあるフォルダパスに、*.pptxを結合させると、プログラムファイルと同階層のすべてのファイルの中で、拡張子が（.pptx）のファイルの絶対パスを取得することができます。

このファイル名、絶対パスを自動処理に用いることができます。

●プログラムと別の階層の場合 その1（globを使用）

続いて作業用フォルダが別階層にある場合について解説します。

🐍図6.9 作業用フォルダがPythonのプログラムと別階層にある場合

🐍図6.10 作業用フォルダの中のファイル

🐍 ファイルリストの取得_glob-2.py

```
import os
import glob


# すべてのファイルのファイル名の取得 ----------------------------------❶
file_list_all = glob.glob("作業用¥¥*")
print(file_list_all)


# 拡張子 (pptx) のファイルのファイル名の取得 --------------------------❷
file_list_pptx = glob.glob("作業用¥¥*.pptx")
print(file_list_pptx)


# 拡張子 (pptx) のファイルのファイルパスの取得 ------------------------❸
folder_path = os.path.dirname(__file__)
target_path = folder_path + os.sep + "作業用¥¥*.pptx"
path_list = glob.glob(target_path)


for i in path_list:
    print(i)
```

🐍 実行結果

```
['作業用¥¥Test1.pptx', '作業用¥¥Test2.pptx', '作業用¥¥Test3.pptx', '作
業用¥¥Test_1.xlsx', '作業用¥¥Test_2.xlsx', '作業用¥¥Test_3.xlsx'] ----❶
['作業用¥¥Test1.pptx', '作業用¥¥Test2.pptx', '作業用¥¥Test3.pptx'] --❷
C:¥Users¥【PCの名前】¥デスクトップ¥フォルダー_B¥作業用¥Test1.pptx ------------❸
C:¥Users¥【PCの名前】¥デスクトップ¥フォルダー_B¥作業用¥Test2.pptx
C:¥Users¥【PCの名前】¥デスクトップ¥フォルダー_B¥作業用¥Test3.pptx
```

上記のように、作業用フォルダの情報が前についています。

●プログラムと別の階層の場合　その2（階層を移動）

以下のように、一度、「os.chdir("作業用")」で現在の作業領域を作業用フォルダに移動することで、ファイル名のみを取得することができます。

ファイル名を取得した後、os.chdir("..")で元の階層に戻しています。

🐍 ファイルリストの取得_glob_CD.py

```python
import os
import glob

os.chdir("作業用")
print(os.getcwd())

# すべてのファイルのファイル名の取得 ----------------------------- ❶
file_list_all = glob.glob("*")
print(file_list_all)

# 拡張子(pptx)のファイルのファイル名の取得 ----------------------- ❷
file_list_pptx = glob.glob("*.pptx")
print(file_list_pptx)

os.chdir("..")
print(os.getcwd())
```

🐍 実行結果

```
C:¥Users¥【PCの名前】¥デスクトップ¥フォルダー_B¥作業用
['Test1.pptx', 'Test2.pptx', 'Test3.pptx', 'Test_1.xlsx', 'Test_2.
xlsx', 'Test_3.xlsx'] -------------------------------------- ❶
['Test1.pptx', 'Test2.pptx', 'Test3.pptx'] --------------------- ❷
C:¥Users¥【PCの名前】¥デスクトップ¥フォルダー_B
```

●プログラムと別の階層の場合 (os.listdir を使用)

上記の「作業用」フォルダ中のファイル名を取得するのであれば、以下のos.listdir("フォルダパス")を用いて取得することもできます。

🐍 ファイルリストの取得_os_listdir.py

```
import os

# 以下にプログラム基準の作業用フォルダのパスを定義する。
folder_path = os.path.dirname(__file__)
print("プログラムファイルのディレクトリパス:", folder_path)

# 作業用フォルダのパス
woking_folder_path = folder_path + os.sep + "作業用"
print("作業用フォルダのパス:", woking_folder_path)

file_list = os.listdir(woking_folder_path)
print(file_list)

for file_name in os.listdir(woking_folder_path):
    print(file_name)
```

🐍 実行結果

```
['Test1.pptx', 'Test2.pptx', 'Test3.pptx', 'Test_1.xlsx', 'Test_2.
xlsx', 'Test_3.xlsx']
Test1.pptx
Test2.pptx
Test3.pptx
Test_1.xlsx
Test_2.xlsx
Test_3.xlsx
```

(7) 原本を用いた業務

自動処理において、原本ファイルを用意しておいて、日々、そのファイルをコピーし作業するケースは多いと思います。その際、ファイル名に日付を付けることも多いと思います。ここでは、ファイルをコピーしつつ、ファイル名に日付を付ける方法を解説します。

●情報の整理 (フォルダ配置について)
Ⓐファイル、フォルダの配置

```
C:¥Users¥【PCの名前】¥Desktop¥フォルダD


Desktop¥フォルダD
        ├─Program.py
        │    └─原本 (フォルダ)
        │         └─月度報告.xlsx
        └─月度報告.xlsx
             └─提出用 (フォルダ)
                  └─22年05月_月度報告_005鈴木.xlsx
```

Ⓑ作業手順

原本フォルダのファイル「月度報告.xlsx」の名前を変更し、提出用フォルダに複製を保存する。

●当月のフォルダを作成

原本フォルダ中のファイル名を変数に入れる。

ファイル名の右4文字を削除。

●当日日付を取得

日付フォーマット (YYYYMMDD) を得る

フィル名に当日日付 (YYYYMMDD)、拡張子を再現したコピー後のファイル名を作成する。

原本ファイルを「作業用_YYYYMM」フォルダにコピーする

●プログラム

ここではshutilを使用します。

🐍 shutil --- 高水準のファイル操作 (Python公式マニュアル)

> https://docs.python.org/ja/3/library/shutil.html

🐍 ファイルのコピー.py

```
import shutil

shutil.copyfile("原本/月度報告.xlsx", "作業用/22年05月_月度報告_005鈴木
-1.xlsx") -------------------------------------------------------------------------- ❶

shutil.copy2("原本/月度報告.xlsx", "作業用/22年05月_月度報告_005鈴木
-2.xlsx") -------------------------------------------------------------------------- ❷
```

　上記のコードの解説をします。コードの❶の場合は、プログラムを実行した瞬間の保存データとなります。コードの❷の場合は、元のファイルの保存した時間でファイルがコピーされます。

5 Pythonによる アプリケーションの操作(Excel)

自動処理では、ExcelやOutlook、Webブラウザなどのアプリケーションを操作する必要があります。ここでは、アプリケーションを操作するための基本的な操作方法をExcelを用いて解説します。

(1) アプリケーションの操作の流れ (Excelへのデータの出入力)

冒頭で説明したように自動処理では、Pythonから別のアプリケーションを操作します。

本章では、読者の皆様の慣れているExcelを操作します。本章におけるExcel操作の流れは以下のとおりです。

①ライブラリのインポート
②Excelアプリケーションを起動する
③Excelファイルのファイルパスを指定してファイルを開く
④Python上の値を変数を用いてExcelシート上に記入する
⑤Excelシート上の値を変数に入れてPythonのターミナル上に表示する

以下、上記の各項目に対応して、解説していきます。

(2) ライブラリのインポート

❶ライブラリについて

Excelを操作するためのライブラリは、PyWin32を用います。サードパーティのライブラリですが、Python公式マニュアルに記載があります。

4.10.1 PyWin32

Mark Hammondによって開発されたPyWin32モジュールは、進んだWindows 専用 のサポートをするモジュール群です。このモジュールは以下のユーティリティを含んでい ます:

- *Component Object Model (COM)*
- *Win32 API 呼び出し* (以下省略)

🐍 4.10.1 PyWin32 (Python公式マニュアル)

> https://docs.python.org/ja/3/using/windows.html?#pywin32

筆者の理解の範囲で説明しますと、Mark Hammondさんが PythonとWindowsをつ なぐライブラリ (モジュール群) を作ってくれたという意味です。このライブラリは、 PythonとExcelをつなぐ連結器のようなものです。

❷ライブラリのインストール方法

コマンドプロンプト (CMD) で以下のように入力します。

```
py -m pip install pywin32
```

❸ライブラリのインポート方法

後ほどプログラムを解説しますが、Pythonのプログラムでインポートし、読み込む ときは、pywin32ではなく、プログラム中では以下のように「win32com」とします。 具体的には、以下のようになります。

```
import win32com.client as com
```

このように、ライブラリのインストール名とプログラムでのインポート名の異なるラ イブラリはよく見られますので、ご注意ください。

❹マニュアル

ところで、PyPIの以下のサイトを見ても、ExcelをPythonで操作するためのマニュ アルはありません。

pywin32プロジェクト

https://pypi.org/project/pywin32/

　さらに、以下のpywin32に関するMark Hammondさんのgithubを見ても、Excelの操作方法はありません。

mhammond/pywin32 (GitHub)

https://github.com/mhammond/pywin32/actions/

　Excelの操作方法はマイクロソフトのVBAマニュアルを参考にして、Pythonに読み替えるか、あるいはVBAのプログラムを見ながら参考にしてください。

オブジェクトモデル (Excel)

https://learn.microsoft.com/ja-jp/office/vba/api/overview/excel/object-model/

　続いて、「②Excelアプリケーションを起動する」「③Excelファイルのファイルパスを指定してファイルを開く」をプログラム使って解説します。
　操作としては、Excelアプリケーションを起動し、ファイルを開くのですが、プログラムとしては、入り組んだ構成になっています。

　まず、今回のプログラムの前提条件となるファイル構成について情報を整理します。プログラムを作るとき、あるいは、読むときには、前提条件の情報を整理することが重要です。
　今回のPythonのプログラムとExcelとのデータの出入力用のExcelファイルの配置です。
　以下のように、1つのフォルダの中に同一の階層にあります。

```
C:¥Users¥【PCの名前】¥Desktop¥フォルダ

Desktop¥フォルダE
    ├基本_101_Excelへの入出力確認用.py
    └Excel_アプリの入出力確認用.xls
```

以下のコードは、ライブラリのインポートから、Excelを起動し、ファイルを開くまでのプログラムです。

🐍 Excelへの入出力確認用.py

```python
import win32com.client as com
import os ─────────────────────────────────────────────────────────── ❶


# サンプルプログラム基準のエクセルファイルパスを定義しています。 ────────── ❷
# プログラムファイルのディレクトリパス (folder_path) の取得
folder_path = os.path.dirname(__file__)
# エクセルファイルのパス
excel_file_path = folder_path + os.sep + "Excel_アプリの入出力確認
用.xlsx"


app = com.Dispatch("Excel.Application") ──────────────────────────── ❸
app.Visible = True ───────────────────────────────────────────────── ❹
app.DisplayAlerts = False ────────────────────────────────────────── ❺


wb = app.Workbooks.Open(excel_file_path) ─────────────────────────── ❻
# wb = app.Workbooks.Open("c:¥¥Users¥¥【PCの名前】¥¥Desktop¥¥フォルダ
E¥¥Excel_Test_01.xlsx")


sheet = wb.Worksheets("Sheet1") ──────────────────────────────────── ❼
```

プログラムの内容を順番に解説します。まず、モジュールをインポートします。

❶では、OSライブラリをインポートしているのはプログラムファイル基準で、Excelファイルのファイルパスを作るためです。

❷では、Excelファイルのファイルパスを作っています。すでに説明しましたように、Excelファイルのプログラム基準のファイルパスを作ります。この後、Excelアプリケーションを起動します。Excelアプリケーションの起動よりも前にファイルパスの作成を配置したのは、初期設定値なので先に配置しました。人によって考え方はあると思いますが、設定する値が増えてくるとプログラムが見づらくなるので、初期設定値を前に固めるようにしています。

❸では、Excelのアプリケーションを起動します。

❹では、Excelのアプリケーションを画面を開いた状態で起動します。画面を閉じて動作させることも可能ですが、動作を確認できないので開いた状態で操作します。

❺では、Excelの操作時の「警告メッセージ」を表示しないようにしています。「警告」とは、アプリケーションが停止しないものの、何か「警告」に該当するときメッセージを表示する場合があります。意外と多くの場合に警告メッセージを表示しますので、非表示の状態でExcelのアプリケーションを操作します。

❻では、Excelのファイルを指定し、開いています。先ほど作った、Pythonのプログラム基準のファイルパスを設定しています。開いたワークブックを (wb) として定義しています。wbはExcelのWorkbooksオブジェクトを表しています。

🐍 コード

```
Workbooks= app.Workbooks.Open(excel_file_path)
```

のように書くと、Excelのマニュアルどおりなのですが、wbのように書く方が多くいらっしゃいます。2つ以上のExcelのワークブックを開くときは、wb1,wb2のように自分で好きなように、それぞれを定義することができます。

❼では、ワークブック中のシート (Sheet1) を指定してsheetと定義しています。

以上で、Excelアプリケーションを起動し、既存のExcelファイルを開き、シートを指定するところまでできました。

実際のファイルパスのとおりに 記述する場合

 コラム

ExcelのWorkbooksオブジェクトのマニュアルはこちらです。

🐍 URL

https://learn.microsoft.com/ja-jp/office/vba/api/excel.workbooks

実際のファイルパスのとおりに設定すると上記のようになります。

🐍 コード

```
# wb = app.Workbooks.Open("c:¥¥Users¥¥【PCの名前】¥¥Desktop¥¥フォ
ルダE¥¥Excel_Test_01.xlsx")
```

Windowsの機能で取得したファイルパスは以下のようになります。

🐍 コード

```
"c:¥Users¥【PCの名前】¥Desktop¥フォルダE¥Excel_Test_01.xlsx"
```

「¥」を重ねているのは、文字列を()の中に、ダブルクォーテーションで囲んで記入するとき、¥の前に¥をつける必要があるからです。

なお、上記で、先頭に「#」をつけているのは、今回、例示のためプログラム中にファイルパスを指定していますが、プログラムの中で同じ内容のコマンドが重複しないようにするため、一方は、先頭に「#」をつけてコメントアウトするためです。

(3) Python上の値を変数を用いて Excelシート上に記入する

ここでは、Pythonのプログラム上の値をExcelのシート上に入力します。まず、セルをピンポイントで指定し、値を入力しています。続いて、繰り返し処理では、連続的にExcelにデータを入力する必要があります。このため、変数を用いてExcelのセルを表記し、データを入力しています。変数を用いて、Excelのセルを指定できれば、今後、Excelのシート上に連続的に価を入力することができますので、その確認を行っています。

また、Pythonには、整数、小数、文字列の変数型があります。Excelとのデータ連携でデータ型が変更されないか確認しています。特に、整数のデータをPythonからExcelに転記したとき、5.00のように小数として扱われないか確認しています。整数が小数に変換されると、転記後、整数に変換する操作が必要だからです。

各種のマニュアルは、PythonならPython、アプリケーションならアプリケーションの範囲内のみ記述されており、実際の業務でアプリケーションを連携して操作する場合、1つひとつ確認が必要なことはよくあります。よって、プログラムは以下のようにしています。

🐍 コード

```
# 固定セルに固定値で入力 (A1形式)
sheet.Range("B3").Value = 1
sheet.Range("B4").Value = 0.01
sheet.Range("B5").Value = "固定セルに固定値で入力 (A1形式)"


# 固定セルに固定値で入力 (R1C1形式)
sheet.Cells(7, 2).Value = 2
sheet.Cells(8, 2).Value = 0.02
sheet.Cells(9, 2).Value = "固定セルに固定値で入力 (R1C1形式)"


# 変数を用いて入力
int_01 = 3
float_01 = 0.03
str_01 = "セルも値も変数を用いて入力"
```

6

自動化に用いるライブラリ

```
y1 = 11
y2 = 12
y3 = 13
x1 = 2

sheet.Cells(y1, x1).Value = int_01
sheet.Cells(y2, x1).Value = float_01
sheet.Cells(y3, x1).Value = str_01
```

上記のプログラムで、PythonからExcelにデータを転記できました（3〜13行目）。セルの位置を変数を用いて指定できることがわかりました。整数は、整数として転記されていることがわかります。

図6.11　PythonからExcelへの転記結果

	A	B
1	**Excelアプリケーションへの入出力の確認**	
2	条件	Pythonからの入力結果
3	B3で指定し、整数を入力	1
4	B4で指定し、小数を入力	0.01
5	B5で指定し、文字列を入力	固定セルに固定値で入力（A1形式）
6		
7	Cells(6, 2)で指定し、整数を入力	2
8	Cells(7, 2)で指定し、小数を入力	0.02
9	Cells(8, 2)で指定し、文字列を入力	固定セルに固定値で入力（R1C1形式）
10		
11	Cells(変数, 変数)で指定し、変数の値を入力	3
12	Cells(変数, 変数)で指定し、変数の値を入力	0.03
13	Cells(変数, 変数)で指定し、変数の値を入力	セルも値も変数を用いて入力
14		
15		
16	条件	Pythonへの出力用
17	Pythonで取得する値（整数）	4
18	Pythonで取得する値（小数）	0.04
19	Pythonで取得する値（文字列）	四
20		

(4) Excelシート上の値を変数に入れて Pythonのターミナル上に表示する

続いて、Excelシート上の値を取得し、Pythonのターミナル上に表示させます。

上記のExcelの画面の17〜19行目の値を以下のプログラムでPython側に取得し、ターミナル画面に表示させます。

プログラムは以下のようになります。

コード

```
# Excel から値を取得し、Python のターミナル画面に表示
int_02 = sheet.Cells(17, 2).Value
float_02 = sheet.Cells(18, 2).Value
str_02 = sheet.Cells(19, 2).Value

print(int_02)
print(float_02)
print(str_02)

print(type(int_02))
print(type(float_02))
print(type(str_02))
```

プログラムを実行したときのターミナル画面は以下のようになりました。

実行結果

```
4.0
0.04
四
<class 'float'>
<class 'float'>
<class 'str'>
```

6

自動化に用いるライブラリ

数字の4は、Pythonに取得したとき、小数型になっています。以上で、Pythonとアプリケーション (Excel) とのデータの入出力が確認できるようになりました。

Excelの操作については、別の章でも解説します。

Pythonとアプリケーションの連携について

コラム

読者の方には、本項のようにPythonとアプリケーションの連携の動作を1つひとつ確認していることが理解できない方もいらっしゃるかもしれません。

Excel、VBAのようにマニュアルに種々の操作内容が記載されていればよいのですが、PythonでExcelを操作するマニュアルはありません。筆者は、Microsoftの「office/vba/api」に関するマニュアルを読み解き、PythonでExcelを操作するための方法を確認してきました。

はじめてこのマニュアルを読むと、一般の書店で売っているようなExcel VBAの解説書とは異なり、非常に読みづらいのですが、よく見ると2022年になってから更新されているページが数多くあります。これでも最近は、大変わかりやすくなっています。例示されているのは、VBAでの操作が多数を占めますが、将来、Pythonでの操作が増え、Pythonによる操作事例が掲載されることを期待したいと思います。

第7章

プログラム作成の
ヒント

　Excel の VBA は、主に Excel のシート上のデータが操作対象でした。
　Excel の VBA よりも、Python の方が考慮すべき点が増え、複雑になりがちです。ミスやバグを防ぐためにも、プログラムを作りながら考えるのは避けましょう。プログラムは、考えてから作るようにしましょう。

この章でできること

　プログラム作成する上で、以下のヒントを参考にすることができる。
❶プログラム作成のルール
❷プログラム作成のための情報を整理できる
❸プログラムを作成するときの疑問点を自分で調べられる

1 Pythonのプログラムを作成する上での共通事項(ルール、配慮する点)

業務上、Pythonを活用する場合、プログラムは動作すればよいわけではありません。同僚が見てもわかりやすくする必要があります。特に、担当者の変更、人の異動などを想定して、プログラムの記述内容と仕様書によって、他の方が見て内容を把握、ときには、修正・改良・再利用をすることができるようにしておく必要があります。

(1) 変数名について

変数名を他の人が見ても意味がわかることが望ましいです。

- 小文字、数字、_(アンダーバー)を使用します
- 数字、_(アンダーバー)から始めてはいけません

クラス名など、専門的なプログラミングルールはありますが、ここでは、事務業務の効率化のためのプログラムを対象としています。

(2) コメントアウト

プログラム中にコメントを記入することができます。この場合、以下のようにすることで、プログラムの動作の対象外となります。これをコメントアウトといいます。

プログラムを他の方が見てわかるようにする、あるいは、自分があとから見てわかるようにするため、コメントを記入しましょう。

❶行単位のコメントアウト

Pythonでは、「#」を記入することで、#以降の行の内容を実行しなくなります。

❷ブロック単位のコメントアウト

1つのブロック(数行)を実行しないようにするためには、行ごと「"""」で囲むと実行しないようにすることができます。

また、以下のようにすると、print文の実行を停止できます。

🐍 コード

```
'''
Print(''おはよう'')
'''
```

🐍 (3) コーディング規約

1人でプログラムを勉強している場合は、「動作すればよい」と考えがちですが、業務にPythonを使う場合、人にプログラムを提供する場合、業務を引き継ぐ場合があります。

お互いがチームとしてプログラムを共有する場合、書き方のルールがある方が、お互いわかりやすくなります。

❶コーディング規約（PEP8）

Pythonには、コーディング規約（PEP8）というものがあります。

🐍 Python公式ホームページ（英語）

https://peps.python.org/pep-0008/

以下は、インターネット上にある日本語訳です。

🐍 参考：日本語訳

https://pep8-ja.readthedocs.io/ja/latest/
©copyright 2014 Yoshinari Takoka Revision 1567b334

❷フォーマッタ

PEP8を遵守することは、企業の中でPythonを使用する上で重要なことだと思います。しかしながら、プログラム開発が主な業務ではなく、自分のテーマの業務の効率化

を進めることが大切です。ですから、毎回、PEP8に準拠しているかのチェックにかかる負担を下げたいと思います。

　5章で説明したように、Pythonには、フォーマッタという、PEP8に準拠したように自動的に成形してくれるライブラリ「black」があります。読者の皆さんは、すでに設定済だと思います。

フォーマッタ (black)　 コラム

　本書では、自動整形ツールのblackを推奨します。この整形ツールの特徴は、ほとんど設定を変更できない点です。例えば、文字列を囲むのは、ダブルクォーテーションに統一されます。PEP8においても、ダブルクォーテーション（"文字列"）かシングルクォーテーション（'文字列'）か決まっていない点もありますが、強制的にフォーマットを整えてくれます。こういったフォーマットの仕様を議論するのではなく、「プログラムの中身を議論しましょう。」との意図でこのようになっています。

　業務の効率化の視点において、PEP8を自動的に順守してくれる点、およびフォーマットの詳細な仕様を考えなくてよいので推奨します。

IDLEをお使いの方へ　 コラム

　IDLEの場合は、コマンドラインから、以下のようにして対象ファイルのフルパスを指定することで整形することが可能です。

```
C:¥Users¥【PCの名前】>py -m black C:¥Users¥【PCの名前】
¥Desktop¥test.py
```

　コマンドプロンプトで操作し、プログラムが成形されると以下のメッセージを表示します。ケーキが表示され、とてもかわいいです。

```
All done! ✨ 🍰 ✨
1 file reformatted.
```

2 プログラム作成のための情報

プログラムを作るためには、先に処理の内容を考え、その考えをプログラムの
コードに落とし込んでいきます。そのためには、まずは情報を整理することが大
切です。

目的とするプログラムを開発するために情報を整理することを専門的には、「要件定
義」「要求定義」といいます。大規模なプログラム開発のため、「要件定義」「要求定義」に
関する書籍も多く出版されています。詳しく勉強されたい場合は、これらの専門書籍を
参考にするとよいと思います。

(1) 情報の整理

❶作業手順書

　Pythonによる自動処理の対象業務の手順を時系列に列挙します。事務業務の自動処
理においては、この作業が1番重要です。その理由ですが、1つひとつの手作業をプロ
グラムに置き換えていくことができれば、自動処理プログラムが完成するからです。

　このような手作業をプログラムに置き換えることは、「ロボット的な操作方法」ともい
えます。ロボット的な操作方法には以下のメリットがあります。

ロボット的な操作手法のメリット

　業務効率化では、RPA（Robotic Process Automation）がよく取り上げられていま
す。この手法は人の操作をプログラムに置き換える方法なので、初心者にもわかりやすい
というメリットがあります。また、多くの場合、担当者が自分の作業をプログラム化するの
で、ミスを見つけやすいというメリットがあります。

❷操作対象に関する情報

①自動化対象システムの操作画面

　自分の業務手順を整理します。システムなどの操作対象の画面キャプチャーをつなげて、そこに書き込むのもよいでしょう。手で作業するときのフローに従ってパワーポイントやエクセルに、それぞれの画面を張り付けて、どこにどのような値を入力するのかを記録します。

②フローチャートの作成

　プログラム作成の専門家ではないので簡易的なもので構いません。業務手順を整理し、また、後日、別の方に引き継ぐときや、プログラムの改造が必要なときに、どのようなプログラムの構成だったのかを思い出すためにフローチャートを作成しておきましょう。各イベントを□で囲み、下向きの矢印(↓)でつなぎ、判断分岐のところは◇を配置します。第3章の条件分岐のようなイメージです。

🐍 (2) 決めるべき情報

　続いてプログラムを作成する上で、決めるべき情報を整理します。例えば、プログラムを作成しながら変数を決めていると、同じ変数名を使ってしまい、プログラムが誤動作してしまうことがあります。また、1つのプログラムの中でも変数名の作成ルールに統一性がないと、あとから他の方が見たときに、プログラムの内容を理解することが難しくなります。

●プログラム管理

プログラムを管理するために以下の情報を決めていきます。

- プログラム名
- プログラムのバージョン管理の方法
- プログラム、各種資料(仕様書など)の保存・管理方法
- ファイルのバックアップ(ファイルの保存先)(別のPC、サーバ等)

●変数管理

あらかじめプログラムで使う一連の変数名を定義しておきます。

- 変数名(同一の内容で複数の変数がある場合は、規則性をもって命名します)
- 変数の型(整数、小数、文字列)

- 変数の型（リスト、タプル、辞書、集合）

●ファイル・フォルダ管理

ファイルパス、フォルダパスを決めるのに使います。

- プログラムに対する操作対象ファイル、フォルダの配置

●インプット・アウトプットの定義

Excelの値を1つずつ供給するのか、リストに入れて供給するのか。

- 値の入力方法、値の出力方法

●処理結果のアプトプット方法

処理を1ステップごとにリアルタイムにExcelに出力するのか。

(3) 情報整理のレベル

　レベル感としては、作業を誰かに依頼する場合に仕様書を見ただけで作業ができること、あるいは、理想的には、新人の方がその内容を見て作業ができるとよいと思います。対象となる業務にマニュアルがあえば、それを元に作成することも可能です。

　将来のプログラムの改造時、あるいは、引継ぎ時にこの文書があれば、それで業務が進むようにしましょう。

プログラム作成の情報整理の重要性　コラム

　プログラムに関する情報が整理してあると、操作対象の対象システムの画像の変更や、何かのフォーマット変更などにより、Pythonによる自動化ができないときに速やかに対応することができます。プログラムを作った直後はいろいろ覚えていても、半年後、1年後には詳細を忘れてしまうかもしれません。

　また、Pythonが正しく動作しなくなったときのバックアップのためにも必要です。

　Pythonの運用に慣れてしまって、業務内容がブラックボックス化することのない様にすることも大切です。

3　わからないときの調べ方

対象業務を効率化するにあたり、参考となるプログラム、あるいは、ライブラリ
などの情報を収集します。
自動処理の効率化のための参考となるプログラムを探す場合、あるいは、どこか
を修正する必要のあるときの調べ方を説明します。

(1) 公式資料で詳細を確認する

　それぞれのライブラリについて公式資料がある場合、そちらも確認するようにしま
しょう。公式マニュアルは一番の基本だと考えます。Pythonの標準ライブラリであれ
ば、以下で確認することができます。

検索画面 (Pythonの公式マニュアル)

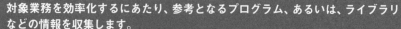

https://docs.python.org/ja/3/search.html

(2) 書籍の事例活用

　各種書籍の事例が使えると便利です。書籍の中にはプログラムの解説があるので大
変参考になります。業務の効率化の観点で参考となる書籍を活用するのは、効率的だと
考えます。

(3) 類似業務の事例

　過去に使ったプログラムを部分的にでも使える場合は、その内容を理解しているた
め、流用することはとても有効な方法だと考えられます。できれば、自分なりのプログ
ラムのパーツを用意できるとよいと考えます。

🐍 (4) インターネット上から情報を収集する

Pythonは、ユーザ数の多い言語です。このため、とても詳しい方が書かれている情報もあります。その一方で、新しく勉強された方が「自分の学習メモ」「備忘録メモ」などとして、ブログなどで記事を掲載しているケースもあります。

そこで、インターネット上で情報を調べるときのコツを解説します。インターネット上には、Pythonの情報がたくさんありますので、最適な情報を取得するための検索方法が重要となります。

❶質問を具体的な用語にして検索してみよう

PythonはエクセルのVBAほどではありませんが、多くのユーザがいるので、とてもたくさんの情報があります。できるだけ具体的な用語を入れて検索してみましょう。

例：『python フォルダを作りたい Windows』、『python 今日の日付が知りたい』

❷ITスクールの講師が書いている情報

Pythonを勉強して始めて間もないときは、ITスクール講師の方が書かれている情報が参考になると思います。

❸正確な用語で検索しましょう。

Seleniumなど比較的情報は少ないですが、初心者の方が書いたものから、上級者の方が書いた情報まで様々なものがあります。それらは専門的な情報が多いのですが、自分が必要としている答えを見つけられるようにしましょう。そのためにも、検索するときは正確な用語で入力しましょう。正確な用語を入力することで、正確な情報が得られることが多くなります。

❹検索用語を英語にして検索する。

日本語の情報で十分な情報が得られないときは、用語を英語にすることで、海外の情報を探すことができます。Pythonに関するライブラリ情報の多くは、GitHubに登録されています。日本語のキーワードで検索して抽出される結果は、日本の中の誰かが調べて、日本語のホームページで紹介しているものです。

筆者は業務に使用するプログラムを作るときは、検索用語を工夫してライブラリを探しています。日本語を英訳して、英語のキーワードでグーグル検索しています。そうすることで必要な機能に近い、ライブラリが見つかることがあります。

※こういったマイナーライブラリには、個人で作成したものもあり、Pythonのバージョンアップに対応していないものも多くあります。仮想環境を構築や旧バージョンをインストールして個々の環境でライブラリを動作させることができます。それによってマイナーライブラリも自分の業務の効率化に活用することができます。

GitHubとは

🖋 コラム

GitHubというのは、「開発プラットフォーム」で、プログラムを共同して開発するための保存・公開などができるWebサイトです。

🐍 GitHub (https://github.co.jp/)

こちらにサードパーティーのライブラリに関する情報が掲載されている場合があります。また、プログラム開発者が情報を共有するためのツールですが、一般公開できる部分に他の人の作ったプログラムで参考になるものが掲載されています。Pythonに関する情報があり、参考となる情報が見つかる場合があります。

🐍 検索方法について (https://docs.github.com/ja/search-github/getting-started-with-searching-on-github/about-searching-on-github)

🐍 検索ページ (https://github.com/search)

🐍 高度な検索ページ (https://github.com/search/advanced)

特に、Win32comを使ったExcel、Outlook、Wordの操作、Seleniumについての情報は、本書籍執筆時点では少ないので、海外の情報を参考にする場合があります。本書によって、Win32com、Seleniumの活用が増えることで、今後、日本語での情報も充実するとよいと思います。

第**8**章

- - - - - - - - - - - - - - - - - - -

自動処理の
基本パターン

事務業務を自動化する際の基本的なパターンは数種類
あります。

この章では、基本的なパターンの骨格となるプログラム
を説明します。これらのプログラムの中に、自分の業務の
対象を設定することで簡単に、業務の自動化を進めること
ができます。

この章でできること

- -

- 自動処理における基本パターンのプログラムを理解できる。
- 自分の業務に自動処理の基本パターンを活用できる。

❶Pythonの関数の使い方
❷Excelの値の連続投入・処理した結果の転記
❸設定した時間間隔で繰り返し処理を実行する
❹指定した時間帯の間、繰り返し処理を実行する
❺一定時間経過後、処理を実行する
❻営業日か判断し、処理を実行する
❼フォルダ中のファイルの連続処理

1　自動処理のプログラムの構成

自動処理を行う場合、Pythonのプログラムとして、以下のような自動化させる骨組み部分と、個々の業務の2つに分けて考えることのできる場合があります。

(1) 自動化させる骨組み部分

- Excelシート上の値を連続的に使用する
- 時間がきたら、処理をする
- 一定の時刻の間、処理を実行する

(2) 個々の業務部分

- 業務システムの操作、入出力
- メールの送信

　上記のように、自動化させる骨組みの部分には、共通する点があります。

　本章では、自動処理の骨格となるパターンを解説します。

2 Pythonの関数の使い方

> Pythonのプログラムでは、自動処理の骨格の部分に個々の業務を入れることも
> できますが、業務を「関数」としてまとめてプログラムの中に分けて記述すること
> もできます。

(1) 関数を使うメリット

関数を使うことで、以下のメリットがあります。

- プログラムの中で同じ処理をするときに便利
- プログラムが見やすく、わかりやすくなる
- プログラムの再利用がしやすい

　関数にはいくつかの記述パターンがありますが、本書では、変数の値を取り込み、関数中で処理をし、処理結果を別の変数に代入するというパターンを解説しています。

 図8.1　自動処理で関数を使用する場合の例

自動処理において、関数を使用する場合の例

(2) 関数の例

今回は、以下の処理をする関数を説明します。

表1　今回の関数の設定項目の情報の整理

関数名	keisan
変数	value_1、value_2
処理	value_1とvalue_2の足し算、掛け算をします。 関数内部で、以下の処理をします。 tashizan = value_1 + value_2　（value_1とvalue_2の足し算） kakezan = value_1 * value_2　（value_1とvalue_2の掛け算）
結果の取得	足し算の値：result_tashizan_1 掛け算の値：result_kakezan_1 ※条件を変えたときは、アンダーバー以下の数字を変えて取得

(3) 関数の作り方

　関数名は、「def 関数名()」で定義します。def以下のインデントで下げた部分が処理の内容です。基本的には、関数の中の変数は、関数の外部と同じ変数は使わないようにします。関数の外部と同じ変数を使う場合、グローバル宣言が必要です。
※本章の「8-4　指定した条件で繰り返し実行」の部分で使い方を解説します）

　def keisan()の中には、外部から受け取る値を入れる引数を定義します。引数は、この順番で受け取ります。キーワード引数として、関数の読み出しのときに指定することもできます。

(4) 基本パターン

関数の例_基本パターン.py

```python
def keisan(value_1, value_2):
    """足し算と掛け算の関数"""
    tashizan = value_1 + value_2
    kakezan = value_1 * value_2
```

```
    return tashizan, kakezan
```

```
# 結果の表示
print(keisan(2, 10))   # タプルとして得られる
print(keisan(value_1 = 2, value_2=10))   # キーワード付引数
print(type(keisan(2, 10)))   # タプルを確認
print(keisan(2, 10)[0])   # タプルをスライスして表示
print(keisan(2, 10)[1])   # タプルをスライスして表示
```

```
# 結果の表示と変数への取得
result_tashizan_1, result_kakezan_1 = keisan(2, 10)   # 結果の変数への
代入
print(result_tashizan_1, result_kakezan_1)   # 変数の値の表示
```

上記は、説明のためにわかりやすくしています（1行ごとに毎回、関数処理をしています）。関数を読み出す（実行する）ときは、関数名（引数、引数）のように記述します。この場合は、「keisan(1, 10)」です。この順で記入すると、def keisan()には、value_1に1が入力され、value_2に10が入力されます。

keisan(1, 10)は以下のように記述することもできます。

```
keisan(value_1=1, value_2=10)
```

このような表記をキーワード引数と言います。キーワード引数を使うと、引数の順番を変えてもよくなります。

なお、Pythonは、関数内部と同数のインデントが切れた段階で関数の記述の終了を判断します。

🐍 (5) 関数の結果

関数の結果を外部で使うようにするためには、「return tashizan, kakezan」のように、return文の後に変数を並べます。

※関数内部にprint文を配置して結果を表示することもできます。その場合、return文も変数も不要です。

続いて関数の処理結果を解説します。関数の結果は、タプル形式で得られます。タプルについて、本書では、あまり詳しく説明していませんが、リストのような複数の値を持つデータタイプです。

タプルとリストの違いは、タプルの方は、データを変更できない点です。タプルですので、インデックスを使って、値を個別に表示することができます。

結果の取得は、関数の外部には、tashizan, kakezanを変数として得られていません。タプルから値を1つずつ取り出すことになります。

🐍 実行結果

```
(12, 20)
(12, 20)
<class 'tuple'>
12
20
12 20
```

🐍 (6) 関数の結果のタプルからの取り出し

先ほどの例は、わかりやすくするために、プリント文の中に関数を入れていました。毎回、関数の処理をしていたので、実際の場合を想定して、関数の処理を1回のみ実施して、その処理結果から値を取り出します。

書き直すと以下のようになります。

🐍 コード

```
result_ = keisan(3, 20)
```

このようにすることで、関数の処理は1回で行っています。

🐍 関数の例_基本パターン.py

```
result = keisan(3, 20)

print(result)  # タプルとして得られる
print(type(result))  # タプルを確認
```

```
print(result[0])    # タプルをスライスして表示
print(result[1])    # タプルをスライスして表示

# 結果の表示と変数への取得
result_tashizan_2, result_kakezan_2 = result    # 結果の変数への代入
print(result_tashizan_2, result_kakezan_2)    # 変数の値の表示
```

🐍実行結果

```
(23, 60)
<class 'tuple'>
23
60
23 60
```

[🐍 (7) 引数に変数を用い、結果を変数に入れる]

　続いて、引数に変数を用います。また、関数の処理結果を変数に入れ、その変数の値を表示させます。

🐍関数の例_基本パターン.py

```
# 引数に変数を用い、結果を変数に入れる
x = 4
y = 40

# 結果の表示と変数への取得
result_tashizan_3, result_kakezan_3 = keisan(x, y)    # 結果を変数に代入
print(result_tashizan_3, result_kakezan_3)    # 変数の値の表示
```

🐍実行結果

```
44 160
```

🐍 (8) リストを用いた関数の繰り返し処理

それでは、続いて、変数の値を変えつつ、関数を読み出し処理する方法を解説します。
以下のように、リストの値を繰り返し関数に投入することができます。

🐍 コード

```python
def keisan(value_1, value_2):
    """足し算と掛け算の関数"""
    tashizan = value_1 + value_2
    kakezan = value_1 * value_2

    return tashizan, kakezan

data_x_list = [1, 3, 5]

print("変数と結果")
for x in data_x_list:
    # 引数に変数を用い、結果を変数に入れる
    y = 40
    # 結果の取得と表示
    result_tashizan_4, result_kakezan_4 = keisan(x, y)   # 結果を変数
に代入
    print("x=", x, "y=", y, "足し算:", result_tashizan_4, "掛け算:",
result_kakezan_4)
```

🐍 実行結果

変数と結果
x= 1 y= 40 足し算: 41 掛け算: 40
x= 3 y= 40 足し算: 43 掛け算: 120
x= 5 y= 40 足し算: 45 掛け算: 200

以下の場合は、xのリストとyのリストを連動させて関数に投入しています。
このような場合は、zip関数を用います。

🐍関数の例_繰り返し処理.py

```
data_x_list = [1, 3, 5]
data_y_list = [10, 20, 30]

print("変数と結果")
for (x, y) in zip(data_x_list, data_y_list):
    # 結果の取得と表示
    result_tashizan_5, result_kakezan_5 = keisan(x, y)   # 結果を変数
に代入
    print("x=", x, "y=", y, "足し算:", result_tashizan_5, "掛け算:",
result_kakezan_5)
```

🐍実行結果

変数と結果
x= 1 y= 10 足し算: 11 掛け算: 10
x= 3 y= 20 足し算: 23 掛け算: 60
x= 5 y= 30 足し算: 35 掛け算: 150

8

自動処理の基本パターン

3 Excelの値の連続投入・処理した値の転記

> 事務業務を自動化する場合の代表例は、その元となるデータがエクセルの中に
> あり、そのデータを順番に処理していくパターンです。最もニーズのある内容だ
> と思います。

本節では以下の順番に解説します。

① PythonからExcelシートへの日時の転記
② Excelのセルの値を順番に処理

(1) PythonからExcelシートへの日時の転記

処理した時刻を記録することは、後からプログラム処理の状況を確認するために役立
ちます。特に、Webの操作において、システム、ネットワークの混んでいる時間帯は、
異常停止をすることがあります。自動処理の時間を記録することで作業がどこまででき
たのか、どの時間でプログラムが停止したかは原因分析、対策立案のための重要な情報
となります。

以下のプログラムでは、6章の日付処理のタイムゾーン、ISOフォーマット、Excel用
に加工した日付などをPythonからExcelシートに転記し、比較しました。

❶プログラム

本処理における時間フォーマットは、6章のタイムゾーンを考慮した時間フォーマッ
トを使用しています。添付プログラムには全体がありますが、紙面では、6章の各時間
フォーマットを転記する部分のみを掲載しています。

・転記用Excelファイル：Excelシートへの日時の転記.xlsx

🐍 Excelシートへの日時の転記.py

（省略）

```
sheet.Cells(2, 2).Value = today_naive
sheet.Cells(3, 2).Value = today_UTC_aware_2
sheet.Cells(4, 2).Value = today_tokyo
sheet.Cells(5, 2).Value = iso_time_utc
sheet.Cells(6, 2).Value = iso_time_tokyo
sheet.Cells(7, 2).Value = excel_time
```

❷結果

🐍 実行結果

```
naive な datetime オブジェクト
2022-11-12 22:53:32.681113          naive_ローカル時間


aware な datetime オブジェクト
2022-11-12 13:53:32.681113+00:00 aware_UTC時間
2022-11-12 22:53:32.681113+09:00 aware_JST時間


aware な datetime オブジェクト ISO表記
2022-11-12T13:53:32.681113+00:00 iso_time_utc
2022-11-12T22:53:32.681113+09:00 iso_time_tokyo
```

🐍 図8.2　Excelへの転記結果

	A	B	C
1		Pythonから入力した値	
2	ローカル時間	2022/11/12 13:53	
3	UTC時間	2022/11/12 13:53	
4	JST時間	2022/11/12 13:53	↓数式と書式を設定
5	UTC時間-ISO表記	2022-11-12T13:53:32.681113+00:00	2022/11/12 22:53
6	JST時間-ISO表記	2022-11-12T22:53:32.681113+09:00	2022/11/12 22:53
7	Excel用の時間	2022/11/12 22:53	

　上記がExcelに転記した結果です。一番わかりやすいのが、Excelへの転記用フォーマットの場合です。

🐍 Excelへの転記用フォーマットのコード

```
dt.strftime(today_naive, ("%Y/%m/%d" " " "%H:%M:%S"))
```

　手書きでExcelのセルに記入するイメージです。この方法で転記した場合、何も設定しなくてもセルの書式が「ユーザ定義」として以下のように設定されています。

🐍 図8.3　セルの書式設定（切り出し1）

　また、ISOフォーマットで転記する場合、隣のセルに以下の数式、書式を設定し、シート上で値を変換しています。セル：C5には以下の数式が入っています。

🐍 コード

```
=DATEVALUE(MIDB(B5,1,10))+TIMEVALUE(MIDB(B5,12,8))+TIME(9,0,0)
```

　セル：C6には以下の数式が入っています。

🐍 コード

```
=DATEVALUE(MIDB(B6,1,10))+TIMEVALUE(MIDB(B6,12,8))
```

　また、それぞれのセルに以下の書式を設定しました。
　上記の検討結果より「Excelへの転記用フォーマット」を用いて、PythonからExcelに処理を実行した時間を転記することにしました。

図8.4　セルの書式設定 (切り出し2)

(2) Excelのセルの値を順番に処理

先ほど説明した関数を用いて処理をします。処理が完了したら「完了」とExcelシートへ記入します。「完了」の文字を記入することは、作業をいったん途中で停止し、後から継続して処理をするときに、どこまでできているかを判断し、自動的に続きから作業をさせるのに役立ちます。

❶作業内容

次のExcelシートのExcelの5行目から12行目までのC列の定価とD列の販売個数に基づき、売上額の計算処理をします。処理の内容は、関数の中で掛け算処理をして、売上額を求めます。

図8.5　1回目の作業シート

	A	B	C	D	E	F	G
1	Excelの値の連続処理						
2	A列(1)	B列(2)	C列(3)	D列(4)	E列(5)	F列(6)	G列(7)
3	エクセルの行数	品名	定価	販売個数	売上金額	処理フラグ	作業日時
4	column	item	price	quantity	sales amount	flag	datetime pythonの値を加工してコピー
5	5	テレビ	70000	5			
6	6	パソコン	80000	17			

この結果をE列に入力するとともに、F列に「完了」と記入し、G列に処理日時を入力します。結果は以下のようになります。

図8.6　1回目の作業シートの結果

	A	B	C	D	E	F	G
1	Excelの値の連続処理						
2	A列(1)	B列(2)	C列(3)	D列(4)	E列(5)	F列(6)	G列(7)
3	エクセルの行数	品名	定価	販売個数	売上金額	処理フラグ	作業日時
4	column	item	price	quantity	sales amount	flag	datetime pythonの値を加工してコピー
5	5	テレビ	70000	5	350000	完了	2022/11/12 23:54
6	6	パソコン	80000	17	1360000	完了	2022/11/12 23:54

❷プログラム

また、プログラムは以下のようになります。

Excelの値の連続処理1回目シート用.py

```python
import datetime
from datetime import datetime as dt
import win32com.client as com
import os


def time_record():
    """今の日時をExcelに転記用に加工"""
    today_naive = datetime.datetime.now()  # 今の日時
    excel_time = dt.strftime(today_naive, ("%Y/%m/%d" " "
"%H:%M:%S"))  # Excel用日時
    return excel_time


def keisan(value_1, value_2):
    """掛け算の関数"""
    kakezan = value_1 * value_2
    return kakezan


# 以下にサンプルプログラム基準のエクセルファイルパスを定義する。
# プログラムファイルのディレクトリパス(folder_path)の取得
folder_path = os.path.dirname(__file__)
print("プログラムファイルのディレクトリパス:", folder_path)


# エクセルファイルのパス
```

```python
excel_file_path = folder_path + os.sep + "１回目の作業シート.xlsx"
print("エクセルファイルのパス:", excel_file_path)


# エクセルアプリケーションの起動
app = com.Dispatch("Excel.Application")
app.Visible = True
app.DisplayAlerts = False


# 処理対象シートの指定
wb = app.Workbooks.Open(excel_file_path)
sheet = wb.Worksheets("Sheet1")


# セルの行数を変数(y)で定義する
for y in range(5, 13):
    print(y)


    price = sheet.Cells(y, 3).Value
    quantity = sheet.Cells(y, 4).Value


    print(price, type(price))
    print(quantity, type(quantity))


    sales_amount = keisan(value_1=price, value_2=quantity)


    sheet.Cells(y, 5).Value = sales_amount
    sheet.Cells(y, 6).Value = "完了"


    python_excel_time = time_record()
    sheet.Cells(y, 7).Value = python_excel_time
```

(3) 作業の進捗を判断し、継続を実施

続いて上記の処理をしたとき、作業の途中でいったん停止し、その後、処理ができていない分を継続実施する場合について解説します。

自動処理においては、作業の進捗状況に合わせて、都度、状況判断を行って作業を進める場面がよくあります。

次の例は、Excelシート上の情報を読み取りつつ、Python側の処理を実施する事例として解説します。

❶作業内容

元データは以下のデータです。

F列の値を読み取り、「完了」と入力されているかどうか判断します。「完了」ではない場合、売上額の算出作業をします。作業を上書きしていないかわかるように、F列に「追加作業により完了」と入力します。また、先ほどと同様に、作業の完了日時を記録します。

教材は、作業の継続実施用シート.xlsx です。

図8.7 作業の継続実施用シート

	A	B	C	D	E	F	G
1	Excelの値の連続処理						
2	A列(1)	B列(2)	C列(3)	D列(4)	E列(5)	F列(6)	G列(7)
3	エクセルの行数	品名	定価	販売個数	売上金額	処理フラグ	作業日時
4	column	item	price	quantity	sales amount	flag	datetime pythonの値を加工してコピー
5	5	テレビ	70000	5			
6	6	パソコン	80000	17			
7	7	プリンタ	20000	5			
8	8	マウス	2000	12	24000	完了	2022/11/13 0:28
9	9	キーボード	3000	11	33000	完了	2022/11/13 0:28
10	10	エアコン	80000	7	560000	完了	2022/11/13 0:28
11	11	電子レンジ	2000	12	24000	完了	2022/11/13 0:28
12	12	洗濯機	3000	11	33000	完了	2022/11/13 0:28
13	13	トースター	80000	7			

図8.8　追加作業の結果

	A	B	C	D	E	F	G
1	Excelの値の連続処理						
2	A列(1)	B列(2)	C列(3)	D列(4)	E列(5)	F列(6)	G列(7)
3	エクセルの行数	品名	定価	販売個数	売上金額	処理フラグ	作業日時
4	column	item	price	quantity	sales amount	flag	date time pythonの値を加工してコピー
5	5	テレビ	70000	5	350000	追加作業により完了	2022/11/13 0:31
6	6	パソコン	80000	17	1360000	追加作業により完了	2022/11/13 0:31
7	7	プリンタ	20000	5	100000	追加作業により完了	2022/11/13 0:31
8	8	マウス	2000	12	24000	完了	2022/11/13 0:28
9	9	キーボード	3000	11	33000	完了	2022/11/13 0:28
10	10	エアコン	80000	7	560000	完了	2022/11/13 0:28
11	11	電子レンジ	2000	12	24000	完了	2022/11/13 0:28
12	12	洗濯機	3000	11	33000	完了	2022/11/13 0:28
13	13	トースター	80000	7	560000	追加作業により完了	2022/11/13 0:31

❷プログラム

プログラムは以下のようになります。前項と重複する部分がありますので、重要な部分のみ、掲載していますが、サンプルプログラムには全体があります。売上額の算出部分に関数を用いていますので、継続処理の部分は、比較的少ない記述内容になっています。

Excelの値の連続処理_作業の継続実施用.py

```
（省略）

# セルの行数を変数 (y) で定義する
for y in range(5, 21):
    print(y)

    # 作業の継続判断
    value_x = sheet.Cells(y, 6).Value
    if value_x != "完了":

        price = sheet.Cells(y, 3).Value
        quantity = sheet.Cells(y, 4).Value

        sales_amount = keisan(value_1=price, value_2=quantity)

        sheet.Cells(y, 5).Value = sales_amount
```

```
sheet.Cells(y, 6).Value = "追加作業により完了"

python_excel_time = time_record()
sheet.Cells(y, 7).Value = python_excel_time
```

　教材は、作業の継続実施用シート.xlsxです。

　上記のプログラムで以下の部分は、ここで、「!=」は、Pythonの演算子で、xが「完了」とは一致していないことを表しています。if文の中で使っているので、「完了」していない場合、以下の作業をすることになります。

🐍 コード（演算子の部分）

```
if value_x != "完了":
```

　<, >, ==, >=, <=, および != は2つのオブジェクトの値を比較します。

　詳細は以下のPython言語リファレンスをご覧ください。

🐍 2.5.　演算子　Python言語リファレンス

https://docs.python.org/ja/3/reference/lexical_analysis.html#operators

🐍 6.　式（expression）　Python言語リファレンス

https://docs.python.org/ja/3/reference/expressions.html#value-comparisons

---

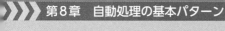

4 指定した条件で 繰り返し実行

指定した時間に動作させるためには、ライブラリとして、「schedule」というライブラリがあります。繰り返し作業を自動化します。

scheduleはメジャーなライブラリですので、インターネット上に日本語の解説も多くあります。ただし、このライブラリを用いるとずっと繰り返し続けるので、プログラムを手で停止することになりかねません。本書では、その点も解説します。

scheduleのインストールは以下のように入力します。

```
py -m pip install schedule
```

マニュアルは以下になります。

> 🐍 schedule 1.1.0
>
> > https://pypi.org/project/schedule/
>
> 🐍 schedule
>
> > https://schedule.readthedocs.io/en/stable/

🐍 (1) 今回の説明で使う例について

以下の2つの例を使って解説します。

例1　指定の時間ごとに作業を繰り返す場合
例2　指定の時間が来るたびに、作業を繰り返す場合

図8.9 自動処理の概要

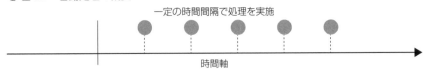

一定の時間間隔で処理を実施

時間軸

今回のプログラムのための情報を整理します。

処理の内容

　設定時間がきたら、PythonのShell画面に「処理結果：日付」と表示する。

※Pythonの処理の一例として解説します。

Pythonのプログラムの要件

- モジュールのインポート
- 関数の設定（PythonのShell画面に「処理結果：日付」と表示）
- スケジュール条件の設定
- タスクのループの設定

(2) プログラムの内容

スケジュール機能.py

```
import schedule
import time
import sys
import datetime

x = 0
def job():
    # xをグローバル宣言
    global x
    x = x + 1
    now_1 = datetime.datetime.now()
    print(x, now_1, "実行中です。")
    match x == 5:
        case True:
```

```
            schedule.clear()
            sys.exit()


schedule.every(3).seconds.do(job) ----------------- こちらの設定が例❶に対応します
# schedule.every().minute.at(":23").do(job) --- こちらの設定が例❷に対応します


while True:
    schedule.run_pending()
    time.sleep(1)
```

　上記のプログラムを実行すると、scheduleの条件である3秒ごとにjobを実行します。While関数の中に条件式を設定します。スケジュールの条件は以下のように設定します。

●(例❶に対応) scheduleの条件として3秒ごとの場合

```
schedule.every(3).seconds.do(job)
```

●(例❷に対応) 毎時、23秒となったタイミングでjobを実行するようにする場合

```
schedule.every().minute.at(":23").do(job)
```

　また、このライブラリの終了について、関数内外で共通して使える変数「x」を用いています。関数の内外で共通して使うために、上記のプログラムのように、global xというグローバル宣言をする必要があります。関数は、関数外から来た値を処理し、結果を外部に返しています。この流れの中で、何回目の処理なのかをカウントするために、関数内部と外部で共通して使える変数として用いています。
　以下は、3秒ごとに処理した結果ですが、3秒ごとに実行していることがわかります。

🐢実行結果

```
1 2022-10-30 00:23:37.542098 実行中です。
2 2022-10-30 00:23:40.570965 実行中です。
3 2022-10-30 00:23:43.586028 実行中です。
4 2022-10-30 00:23:46.603961 実行中です。
5 2022-10-30 00:23:49.617244 実行中です。
```

●コメントアウトしている方の動作（毎時、23秒となったタイミングで job を実行するようにする場合の結果）

```
schedule.every().minute.at(":23").do(job)
```

以下は、毎時、23秒となったタイミングで処理をしていることがわかります。

🐍実行結果

```
1 2022-10-30 00:25:23.818012 実行中です。
2 2022-10-30 00:26:23.278497 実行中です。
3 2022-10-30 00:27:23.740902 実行中です。
4 2022-10-30 00:28:23.173211 実行中です。
5 2022-10-30 00:29:23.590296 実行中です。
```

[🐍 (3) スケジュールの確認のインターバルについて]

　以下の部分は、スケジュールが来たかを確認するためにインターバルを1秒にしています。スケジュールの実行時、プログラムは条件設定の行から次の行まで進んでいます。以下の部分がないと、スケジュールに設定したタイミングが来たかどうかを非常に短いインターバルで確認しなければなりません。コンピュータとして、全力で繰り返し処理をするため、CPUの使用率がむだに上昇するため、待ち時間を入れています。また、schedule.every(3)として、time.sleep(6)とすると、待機時間の方がインターバルの3秒よりも長いので、プログラムは6秒ごとに実行することになりますので注意しましょう。

```
while True:
    schedule.run_pending()
    time.sleep(1)
```

5 一定時間経過後に実行

本節では、一定の時間が経過した後に実行するプログラムを解説します。

　10秒後に実施したいなど、一定時間経過後に実施する場合には、以下のような設定をすることができます。

🐍 図8.10　一定時間経過後に処理を実施

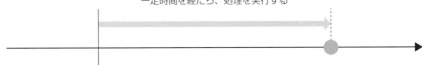

一定時間を経たら、処理を実行する

🐍 10秒後に実施.py

```python
import time
import datetime

start_time = datetime.datetime.now()

print("スタートした時間　",start_time)
time.sleep(10)

operation_time = datetime.datetime.now()

print("処理した時間　　　",operation_time)
```

🐍 実行結果

スタートした時間	2022-11-20 11:01:34.534913
処理した時間	2022-11-20 11:01:44.565919

6 指定時刻の間、処理を実行

本節では、指定した時間の間だけ実行させるプログラムを解説します。

　例えば、株式市場の立会時間の間、処理をしたい場合があります。例えば、Pythonを RPAとして使用するシステム操作において、ネットワークの集中する間に待機時間を 多めにとる、システム操作を一時停止する、あるいはダミー操作を入れるなど、時間帯 によって、処理方法を変えたい場合があります。

🐍 図8.11　指定時刻の間は処理を実行

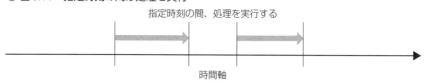

　ここで処理のための情報を整理します。

- 開始時間 (start_time1)：HHMM (数値) で設定する
- 終了時間 (end_time1)：HHMM (数値) で設定する
- 現在の時間を取得し、変数：today_timeに代入する
  today_time を today_hour_minにフォーマット変換 (HHMM) する
  today_hour_minのHHMMを数値に変換する
- 条件判定：開始時間＜today_hour_min (数値)＜終了時間の条件のときに処理内容を 実行する
- 処理内容：「処理中」と現在の時間 (HHMM) を表示する

以下が1つの時間条件で動作するプログラムです。

🐍 指定した時間の動作、単一時間帯.py

```python
import datetime
import time

start_time1 = 1213
end_time1 = 1219

while True:
#a=1
#while a ==1:

    today_time = datetime.datetime.now()
    today_hour_min = today_time.strftime('%H%M')
    today_hour_min = int(today_hour_min)

    if start_time1 < today_hour_min  < end_time1:

        time.sleep(3)
        print("処理中",today_hour_min)

    else:
        pass
```

このプログラムでは、株式立会時間のように、時間帯が分かれている場合には対応していません。以下のように変更することで複数の条件で動作させることができます。ここでは、処理内容をprint文としていますが、待機時間の値とすることもできますし、関数にすることもできます。また、if文を追加することで、時間帯を追加することができます。

🐍 指定した時間の動作、複数時間帯.py

```python
import datetime
import time
```

```
while True:
#a=1
#while a ==1:
    time.sleep(5)
    today_time = datetime.datetime.now()
    today_hour_min = today_time.strftime('%H%M')
    today_hour_min = int(today_hour_min)

    if 900 <=  today_hour_min <= 1130:
        print("前場が開いています")

    elif 1250 <= today_hour_min <= 1500:
        print("後場が開いています")

    else:
        print("株式取引の売買立会時間外です")
```

本プログラムを活用する場面

コラム

　夜間にシステムのデータのバックアップなどの時間は、レスポンスが極度に低下し、システム操作よりもPythonの処理が先行し、Webの表示画面と不一致するため、プログラムが異常停止することがあります。そういったときに、プログラムによる処理を停止するのですが、単に停止するとシステム側がアクセスのないものと判断し、ログアウトすることがあります。全体的に待機時間を多めに設定する方法もありますが、このプログラムによって、メンテナンス時間のみ、待機時間を多めにすることも可能です。

7　営業日かどうか判断し実行

本節では、Excel形式の曜日カレンダーを参照の上、実行を判断するプログラムを解説します。

Pythonでは曜日を取得できるので、曜日に基づいて実行判断するプログラムを作ることもできるのですが、実際のビジネスの場面では、営業日カレンダーなど、曜日で判断できない場合もあります。

教材は、営業日カレンダー.xlsxです。

図8.12　新しい営業日カレンダー

	C	D	E
1	営業日カレンダー		
2			
3	2022/11/15	火曜日	営業日
4	2022/11/16	水曜日	営業日
5	2022/11/17	木曜日	営業日
6	2022/11/18	金曜日	定休日
7	2022/11/19	土曜日	定休日
8	2022/11/20	日曜日	営業日
9	2022/11/21	月曜日	営業日
10	2022/11/22	火曜日	営業日

プログラムの中で、重要な部分を抜き出して解説します。営業日カレンダーのExcelの日付と、Pythonの日付フォーマットが異なるため、「YYYY-MM-DD」の部分を文字列加工によって取り出して、日付の一致を判断しています。

営業日判断プログラム.py

```
（省略）

# 本日日付の取得 (YYYY-MM-DD)
today_time = datetime.datetime.now()
```

```
r_today_time = str(today_time)[0:10]
print("本日は",r_today_time, "です。")


# 変数定義
# ex_r_no：エクセルの行番号


for ex_r_no in range(3, 20):
    # 営業日カレンダーの日付を読み込む
    excel_date = sheet.Cells(ex_r_no, 3).value
    # 読み込んだ日付を(YYYY-MM-DD)に加工
    r_excel_date = str(excel_date)[0:10]
    # 読み込んだ日の「営業日/休日」の情報を取得
    business_day = sheet.Cells(ex_r_no, 5).value
    # print("日付", r_excel_date, "は、", "営業日情報", business_day,
"です。")

    if r_today_time == r_excel_date:
        print("本日は", r_today_time, business_day, "です。")
    else:
        pass
```

　結果は以下のようになります。11月20日にプログラムを実行しました。カレンダーでは、11月20日は営業日ですので、以下のように表示します。この表示する部分は、以下のようなprint文ですが、ここに関数を設定することで、各種の作業を進めることができます。

🐍コード

```
print("本日は", r_today_time, business_day, "です。")
```

🐍実行結果

```
本日は 2022-11-20 です。
本日は 2022-11-20 営業日 です。
```

8 フォルダ中のファイルに 対して連続的に処理する

本節では、フォルダ中のファイルに対しての連続処理を解説します。

(1) 処理の内容

プログラムとしては、6章で解説した、globモジュールを用い、フォルダ中から拡張子「xlsx」であるExcelのファイルパスをリストとして取得します（Pythonのプログラム基準の絶対パス）。

📌図8.13　作業用フォルダ中のファイルを選択し、連続処理を実施

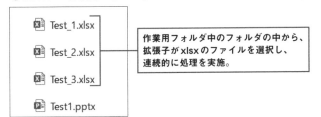

このファイルパスのリストを使用し、繰り返しExcelファイルを開きます。処理の内容は、今回は、日時の入力ですが、関数として設定し、入力していますので、その部分をご自身の業務に置き換えることで業務の効率化に活用することができます。

📌 (2) プログラム

フォルダ「作業用」を含めて、フォルダ内のファイルを操作します。

📌作業用フォルダのExcelファイルに日付を入力する.py

```python
import datetime
from datetime import datetime as dt
import glob
```

```
import os
import win32com.client as com

# エクセルアプリケーションの起動
app = com.Dispatch("Excel.Application")
app.Visible = True
app.DisplayAlerts = False

def time_record():
    """今の日時をExcelに転記用に加工"""
    today_naive = datetime.datetime.now()   # 今の日時
    excel_time = dt.strftime(today_naive, ("%Y/%m/%d" "  "
"%H:%M:%S"))   # Excel用日時
    return excel_time

# 拡張子（xlsx）のファイルのファイルパスの取得
folder_path = os.path.dirname(__file__)
target_path = folder_path + os.sep + "作業用¥¥*.xlsx"
path_list = glob.glob(target_path)

for excel_file_path in path_list:
    print(excel_file_path)

    # 処理対象シートの指定
    wb = app.Workbooks.Open(excel_file_path)
    sheet = wb.Worksheets("Sheet1")
    python_excel_time = time_record()
    sheet.Cells(1, 1).Value = python_excel_time
    wb.Save()
    wb.Close()
```

第9章

Excel の取り扱い

第6章、第8章で、データの出入力するための元データとしてExcelを用いる活用方法を解説してきました。本章では、Excelのアプリケーション機能に着目して解説します。Excelの機能は幅広く、また、VBAによる自動処理も可能であるので、PythonとExcelを組み合わせて活用するために、自動処理に関係する機能について解説します。

この章でできること

❶ Excelを扱うPythonの各種ライブラリを理解できる
❷ Excelのシート上の値をコピーできる
❸ 2つのExcelデータのあるとき、マスターデータの値と照合できる
❹ 2つのExcelデータのあるとき、マスターデータの値と、あいまい検索（指定した条件）で照合できる
❺ Excelデータに対し、正規表現を用いた正誤判定ができる
❻ Excelのフィルタ機能を自動操作できる
❼ Excelのソート機能を自動操作できる
❽ Pythonからマクロを実行できる

1 Excelの機能について

本節では、Excelの役割、位置づけについて整理してみます。

Excelの機能を以下にまとめました。

> ①データを一覧表示する機能
> ②自動処理をするためのデータ源
> ③自動処理の結果を記録するデータベース
> ④シート上の関数を用いて計算等の実行可能なツール
> ⑤シート上の値を用いてグラフを表示する機能
> ⑥リボン上の各種機能を有するアプリケーション
> ⑦プログラム言語（VBA：マクロ）を用いてアプリケーションの操作可能

　この中でExcelの1番のメリットについて考えてみます。Excelというのは、スプレッドシートというタイプのデータシートです。この2次元にデータを表示するというのが、1番のベースになっていると考えます。

　データを一覧にして表示できるので、データの確認が容易、かつ、確実です。ミスを次工程に渡したら、効率化どころではなくなります。データを確認できる点が最も優れている点と考えられます。

　Excelには、Pythonで効率化する方法以外に、マクロ（VBA）や関数があります。これらの機能も踏まえて、Pythonと相互補完することも考慮し、解説します。

2 Excelに関連したライブラリについて

本節では、Excelに関連したライブラリには、主に以下の3つがあります。それぞれの概要について解説します。

(1) win32com

自動処理で必要なファイル操作が行えます。Windows専用のライブラリで、Pythonの公式マニュアルで紹介しているサードパーティライブラリです。Python公式ライブラリで紹介されており、非常に信頼性が高いと考えられます（6章にて説明）。

このライブラリの最大のメリットは、Excelのアプリケーションを開いて、Pythonでの自動処理の実行状況を目で見ながら確認することができる点です。

業務を行う上で最も重要なことは、結果が正しいこと、間違った処理をしないことです。

せっかくPythonを勉強して業務効率化を進めていても、結果が間違って、やり直しや関係者への連絡や謝罪などをしていては、効率化どころではありません。Excelの画面を見ながら進行状況、処理結果を随時確認できる点は最大のメリットです。

(2) openpyxl

ExcelデータをExcelのソフトウェア（アプリケーション）を起動することなく取り扱うことができます。Excelのアプリケーションの設定のないLinuxユーザや、win32comライブラリの使えないMacintoshユーザがExcelのデータを扱うのに使用しています。

データを一覧表示して確認できないので、上級者向きです。

本書籍は、WindowsユーザでOfficeをインストールされている方を対象としていますので、win32comライブラリをメインに使用します。openpyxlについては、補助的に使用します。

🐍 (3) pandas

　データ分析用のライブラリです。機械学習のデータの前処理にも使われます。NumPyを行列の処理に使っているため、高速処理が可能です。

　Excelデータの処理をするときは、ExcelファイルのデータをPythonで行列として取り込み処理します。このため、Excelアプリケーションがなくても処理が可能です。

　pandasをデータ分析ではなく、事務業務に活用する場合、ExcelのVLOOKUP関数の処理において、データ量の大きい場合は、メリットが大きいと思います。16章で解説します。

　Webからの情報収集において、表形式のデータの取得に優れていますので、本書でも使用します。12章で解説します。

　公式マニュアルも非常に充実しており、非常にメジャーなライブラリで解説書も多くあります。

　ここでは、それぞれのライブラリのメインに使用される方法（書籍、インターネット上で情報の多い方法）で比較してみました。

🐍表1　ライブラリ比較表

	Win32com	openpyxl	pandas
①データを一覧表示	○	○	△：Python上で表示
②自動処理のデータ源	○	○	△
③自動処理結果を記録	○	○	△
④セル上の関数の実行	○	△：Excelが必要	×
⑤グラフ表示	○	△：Excelが必要	△
⑥リボン上の各種機能	△：一部可能	×：操作不可	×
⑦VBAの利用	△：VBAを実行可能	×	×

　win32comライブラリから、Excelに設定したマクロ（VBA）の実行をさせることができます。また、3章が解説したように、Windowsのcomオブジェクトを操作することで、VBAと似たプログラムでExcelのアプリケーションを操作することができます。このため、win32comのマニュアルは、以下のVBAのマニュアルを参考にしました。また、Excelのマクロの記録機能を使用すると、引数の設定方法の参考になると思います。

🐍 Excel VBA リファレンス

```
https://docs.microsoft.com/ja-jp/office/vba/api/overview/excel
```

🐍 Application オブジェクト (Excel)

```
https://docs.microsoft.com/ja-jp/office/vba/api/excel.application(object)
```

3 Excelシート上のデータのコピー

> すでにExcelデータ上の値のPythonでの取得、Python上の値のExcel上への入力方法を解説してきました。ここでは、Excelのシート上の値のコピー方法を解説します。

(1) ペーストタイプ

Excelのセルのコピーには、いくつかの種類（ペーストタイプ）があります。ここでは、以下について解説します。

①セルの状態そのままコピー
②値のコピー
③セルの書式のコピー
④範囲を指定してコピー

Excelのコピー方法の指定は、PasteSpecial(Paste=-4122)のように、番号で指定できます。詳細は、以下のマニュアルをご参考ください。

Excel VBAマニュアル

> https://learn.microsoft.com/ja-jp/office/vba/api/excel.xlpastetype

(2) 範囲を変数を用いて指定する方法

エクセルの変数に変数を使うことで、任意のセルを指定して、値の取得、値の入力ができるようになります。

以下のように表記することで、セルの範囲を変数を使って表記できます。

コード (範囲指定方法)

```
Range(sheet.Cells(y1, x1), sheet.Cells(y2, x2))
```

基本_101_Excel_値のコピー.py

```
import win32com.client as com
import os

# サンプルプログラム基準のエクセルファイルパスを定義しています。
# プログラムファイルのディレクトリパス (folder_path) の取得
folder_path = os.path.dirname(__file__)
# エクセルファイルのパス
excel_file_path = folder_path + os.sep + "Excel_Test_値のコピー.
xlsm"

app = com.Dispatch("Excel.Application")
app.Visible = True
app.DisplayAlerts = False

wb = app.Workbooks.Open(excel_file_path)

sheet = wb.Worksheets("Sheet1")

# コピー方法 その1 ------------------------------------------------- ❶
sheet.Range("C3").Copy(Destination=sheet.Range("E3"))

# コピー方法 その2 ------------------------------------------------- ❷
sheet.Range("C4").Copy()
sheet.Activate()
sheet.Range("E4").Select()
sheet.Paste()

# 全てのコピー方法  # コピー方法 その3 ----------------------------- ❸
sheet.Range("C5").Copy()
sheet.Range("E5").PasteSpecial(Paste=-4104)
```

```
# 値のコピー方法
sheet.Range("C6").Copy()
sheet.Range("E6").PasteSpecial(Paste=-4163)

# セルの書式のコピー方法
sheet.Range("C7").Copy()
sheet.Range("E7").PasteSpecial(Paste=-4122)

# 範囲を指定してコピー

y1 = 1
x1 = 1
y2 = 7
x2 = 3

# 全てのコピー
sheet.Range(sheet.Cells(y1, x1), sheet.Cells(y2, x2)).Copy()
sheet.Range(sheet.Cells(11, 5), sheet.Cells(11, 5)).
PasteSpecial(Paste=-4104)

# 値のコピー
sheet.Range(sheet.Cells(y1, x1), sheet.Cells(y2, x2)).Copy()
sheet.Range(sheet.Cells(11, 9), sheet.Cells(11, 9)).
PasteSpecial(Paste=-4163)

# 書式のコピー
sheet.Range(sheet.Cells(y1, x1), sheet.Cells(y2, x2)).Copy()
sheet.Range(sheet.Cells(11, 13), sheet.Cells(11, 13)).
PasteSpecial(Paste=-4122)

# app.Quit() #アプリケーションの終了
```

教材はExcel_Test_値のコピー.xlsmです。

コピー結果は以下のようになります。

C列には、A列とB列を掛け算する数式が入っています。

❶、❷、❸は、C列をE列にそのままコピーしています。

そのままコピーするには、プログラムのように3つの方法があります。そのままコピーすると、数式の参照列がずれるので、0を表示しています。❹は、値のコピーですので、40を表示しています。書式はコピーしないので、セルの色はついていません。❺は、セルの書式のみのコピーです。セルの色のみがコピーされています。

🐍図9.1　コピー結果

	A	B	C	D	E	F
1			コピー元		コピー先	
2			↓数式が入っています			
3	5	8	40		0	①
4	5	8	40		0	②
5	5	8	40		0	③
6	5	8	40		40	④
7	5	8	40			⑤

範囲を指定してコピーすることもできます。範囲を指定する場合は、以下のようにします。また、セルの位置を変数で表すこともできます。

```
sheet.Range(sheet.Cells(y1, x1), sheet.Cells(y2, x2)).Copy()
sheet.Range(sheet.Cells(11, 5), sheet.Cells(11, 5)).
PasteSpecial(Paste=-4104)
```

こちらは範囲を指定し、丸ごとコピーしているので、計算の正しく表示しています。

🐍図9.2　範囲を指定してコピー

	A	B	C
1			コピー元
2			↓数式が入っています
3	5	8	40
4	5	8	40
5	5	8	40
6	5	8	40
7	5	8	40

🐍 図9.3 範囲を指定してコピー

🐍 (3) 行と列のコピー

行と列のコピーも同様に実行することができます。

🐍 基本_101_Excel_行と列のコピー.py

```
import win32com.client as com
import os


# サンプルプログラム基準のエクセルファイルパスを定義しています。
# プログラムファイルのディレクトリパス (folder_path) の取得
folder_path = os.path.dirname(__file__)
# エクセルファイルのパス
excel_file_path = folder_path + os.sep + "行と列のコピー.xlsx"


app = com.Dispatch("Excel.Application")
app.Visible = True
app.DisplayAlerts = False


wb = app.Workbooks.Open(excel_file_path)
sheet = wb.Worksheets("Sheet1")


sheet.Rows("1:1").Copy()
sheet.Range("A7").PasteSpecial(Paste=-4104)


sheet.Columns("A:A").Copy()
```

```
sheet.Range("G1").PasteSpecial(Paste=-4104)
```

教材は、行と列のコピー.xlsx です。

🐍 図9.4　行と列のコピー元データ

	A	B	C	D	E
1	1 B	C	D	E	
2	2				
3	3				
4	4				
5	5				

🐍 図9.5　行と列のコピー後

	A	B	C	D	E	F	G
1	1 B	C	D	E		1
2	2					2
3	3					3
4	4					4
5	5					5
6						
7	1 B	C	D	E		1

4　画像の挿入方法

本節では、Excelのシート上に画像ファイルのデータを貼り付ける方法を解説します。

ExcelのShapesオブジェクトに画像データを追加する方法です。

🐍 Shapes.AddPicture メソッド (Excel)

https://learn.microsoft.com/ja-jp/office/vba/api/excel.shapes.addpicture

🐍 基本_101_Excel_画像の貼り付け.py

```
import win32com.client as com
import os


# サンプルプログラム基準のエクセルファイルパスを定義しています。
# プログラムファイルのディレクトリパス (folder_path) の取得
folder_path = os.path.dirname(__file__)
# エクセルファイルのパス
excel_file_path = folder_path + os.sep + "Pythonについて .xlsx"


app = com.Dispatch("Excel.Application")
app.Visible = True
app.DisplayAlerts = False


wb = app.Workbooks.Open(excel_file_path)


sheet = wb.Worksheets("Sheet1")


image_file_path = folder_path + os.sep + "QRコード -2.png"
```

```
sheet.Shapes.AddPicture(
    Filename=image_file_path,
    LinkToFile=False,
    SaveWithDocument=True,
    Left=200,
    Top=100,
    Width=-1,
    Height=-1,
)
```

🐍 図9.6　QRコード画像の貼り付け結果

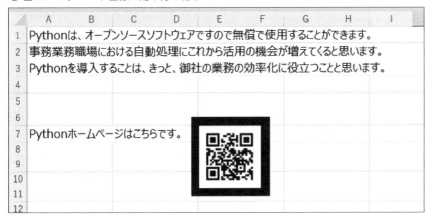

台紙Excelシートは、Pythonについて.xlsxです。

QRコードの作成ツール

　グーグルのQRコード作成APIを使用しています。グーグルのQRコード作成APIの仕様・設定方法はこちらをご覧ください。

🐍 QRコード (Google Chartリファレンス)

```
https://developers.google.com/chart/infographics/docs/qr_codes?
authuser=0&choe=UTF-8
```

上記の仕様に基づいて、100×100のサイズで、Shift_JISの文字コード、Python
のホームページ（https://www.python.org/）を表示するQRコードを作成しました。

🐍 QRコード（仕様に基づいた）

> https://chart.apis.google.com/chart?cht=qr&chs=100x100&choe=Shi
> ft_JIS&chl=https://www.python.org/

5 価格表の転記

本節では、Pythonでの表と表の照合の基本的な考え方を解説します。

　2つの表を参照する場面も多いと思います。Pythonでは、pandasでも2つの表を結合することができます。もちろん、ExcelのVLOOLUP関数を使っている方も多いと思います。

　1つの値を表中から見つけるという点は、営業日カレンダーのところで説明しました。

　2つの表を照合する上で、1つの表（マスターデータ側）をリストに入れます。

※2次元のArreyに入れるという方法もありますが、ここでは簡単な方法を解説します。

（1）情報の整理

以下の価格改定記入用.xlsxに、価格改定のご連絡.xlsxの情報を転記します。

図9.7　価格改定_記入用.xlsx

	A	B	C	D
1	PythonハンバーガーShopメニュー			
2		メニュー名	現在の価格	新価格
3	1	チーズハンバーガー	230	
4	2	ダブルチーズハンバーガー	290	
5	3	ビッグハンバーガー	310	
6	4	おつまみチーズ	230	
7	5	ダブルハンバーガー	250	
8	6	追加チーズ	150	
9	7	ファミリーセット（ポテト付き）	410	
10	8	ポテトサラダ	180	
11	9	ポテト（L）	280	
12	10	ポテト（M）	200	
13	11	コーラ	150	
14	12	紅茶	150	

🐍 図9.8　価格改定のご連絡.xlsx

	A	B	C
1	**PythonハンバーガーShopメニュー**		
2		メニュー名	新価格
3	1	チーズハンバーガー	250
4	2	ダブルチーズハンバーガー	320
5	3	おつまみチーズ	270
6	4	追加チーズ	180
7	5	ファミリーセット（ポテト付き）	430
8	6	ポテトサラダ	230
9	7	ポテト（L）	320
10	8	ポテト（M）	230

価格改定を転記すると以下のようになります。

🐍 図9.9　価格改定記入後

	A	B	C	D
1	**PythonハンバーガーShopメニュー**			
2		メニュー名	現在の価格	新価格
3	1	チーズハンバーガー	230	250
4	2	ダブルチーズハンバーガー	290	320
5	3	ビッグハンバーガー	310	
6	4	おつまみチーズ	230	270
7	5	ダブルハンバーガー	250	
8	6	追加チーズ	150	180
9	7	ファミリーセット（ポテト付き）	410	430
10	8	ポテトサラダ	180	230
11	9	ポテト（L）	280	320
12	10	ポテト（M）	200	230
13	11	コーラ	150	
14	12	紅茶	150	

📄 価格表の転記.py

```python
import win32com.client as com
import os
import datetime


# サンプルプログラム基準のエクセルファイルパスを定義しています。
# プログラムファイルのディレクトリパス (folder_path) の取得
folder_path = os.path.dirname(__file__)
print("プログラムファイルのディレクトリパス:", folder_path)


# エクセルファイルのパス (ファイル1)
excel_file_path_1 = folder_path + os.sep + "価格改定_記入用.xlsx"
print("エクセルファイルのパス:", excel_file_path_1)


# エクセルファイルのパス (ファイル1)
excel_file_path_2 = folder_path + os.sep + "価格改定のご連絡.xlsx"
print("エクセルファイルのパス:", excel_file_path_2)


# Excelアプリケーションの起動
app = com.Dispatch("Excel.Application")
app.Visible = True
app.DisplayAlerts = False


# 価格改定のご連絡.xlsxを開く
wb_2 = app.Workbooks.Open(excel_file_path_2)
sheet_2 = wb_2.Worksheets("Sheet1")


menu_list = []
new_price_list = []


print(menu_list)
print(new_price_list)


# ex_r_no_2：エクセルの行番号
for ex_r_no_2 in range(3, 11):
```

```
    menu = sheet_2.Cells(ex_r_no_2, 2).value
    menu_list.append(menu)

    new_price = sheet_2.Cells(ex_r_no_2, 3).value
    new_price_list.append(new_price)

# 変数定義
# ex_r_no_2：エクセルの行番号

wb_1 = app.Workbooks.Open(excel_file_path_1)
sheet_1 = wb_1.Worksheets("Sheet1")

for ex_r_no_1 in range(3, 15):

    # メニューを読み込む
    menu = sheet_1.Cells(ex_r_no_1, 2).value
    print(menu)

    for list_id in range(0, 8):

        if menu == menu_list[list_id]:
            print(menu_list[list_id])
            sheet_1.Cells(ex_r_no_1, 4).value = new_price_
list[list_id]

        else:
            pass
```

　このプログラムでは、新価格の情報を以下のようにリストに入れています。今回は、照合するリストが小さいのですが、大きなデータの場合、リストに入れることで高速化できます。

※両方リストに入れることもできますが、ミス防止の観点から、一方のみリストに入れました。

　この処理は、ExcelのVLOOKUP機能でもできますが、完全一致での照合方法は、

データの確認の基本ですので、解説しました。

　次項で不完全一致の場合を説明します。

🐍 コード

```
menu_list = []
new_price_list = []

print(menu_list)
print(new_price_list)

# ex_r_no_2：エクセルの行番号
for ex_r_no_2 in range(3, 11):

    menu = sheet_2.Cells(ex_r_no_2, 2).value
    menu_list.append(menu)

    new_price = sheet_2.Cells(ex_r_no_2, 3).value
    new_price_list.append(new_price)
```

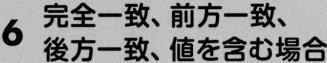

6 完全一致、前方一致、後方一致、値を含む場合

> 本節では、Pythonでプログラムを組むことで、自分で条件を設定し、Excelの
> VLOOKUP機能ではできない処理を解説します。

　表と表との照合については、Excelには、VLOOKUP関数があります。また、

　本書では、pandasも紹介しますので、Pythonを使うメリットも踏まえて解説します。

　Excelでデータの照合というと、VLOOKUP関数がよく使われます。VLOOKUP関数は、「完全一致」、または、「あいまい一致」で照合します。

　実際の業務において、完全一致ではないが、厳密に定義しつつ、前方一致、後方一致、値を含むなどの条件に基づいて一致するデータを探し出したいことがあります。

(1) 情報の整理

> 照合される側のデータ：Python ハンバーガー Shop メニュー.xlsx
> マスターデータ：リストを使用 ["チーズ", "ポテト", "コーラ"]

(2) 業務手順

　ハンバーガーShopメニュー表の中から、今日はチーズ、ポテト、コーラを食べたい気分なので、表に印をつけます。メニューを見てわかるように、チーズやポテトの文字は、必ずしもメニューの先頭にあるわけではありません。

　そこで、Pythonのプログラムで選び出します。今回は、プログラムの習得が目的ですので、完全一致、前方一致、後方一致、値を含む場合、それぞれがわかるようにします。また、1つのメニューの中にキーワードが2つ入る場合はないものとしています。

図9.10 曖昧検索_記入用紙

	A	B	C	D	E	F
1	PythonハンバーガーShopメニュー					
2		メニュー名	完全一致	前方一致	後方一致	含む
3	1	チーズハンバーガー				
4	2	ダブルチーズハンバーガー				
5	3	ビッグハンバーガー				
6	4	おつまみチーズ				
7	5	ダブルハンバーガー				
8	6	追加チーズ				
9	7	ファミリーセット（ポテト付き）				
10	8	ポテトサラダ				
11	9	ポテト（L）				
12	10	ポテト（M）				
13	11	コーラ				
14	12	紅茶				

図9.11 曖昧検索_記入結果

	A	B	C	D	E	F
1	PythonハンバーガーShopメニュー					
2		メニュー名	完全一致	前方一致	後方一致	含む
3	1	チーズハンバーガー		チーズ		チーズ
4	2	ダブルチーズハンバーガー				チーズ
5	3	ビッグハンバーガー				
6	4	おつまみチーズ			チーズ	チーズ
7	5	ダブルハンバーガー				
8	6	追加チーズ			チーズ	チーズ
9	7	ファミリーセット（ポテト付き）				ポテト
10	8	ポテトサラダ		ポテト		ポテト
11	9	ポテト（L）		ポテト		ポテト
12	10	ポテト（M）		ポテト		ポテト
13	11	コーラ	コーラ	コーラ	コーラ	コーラ
14	12	紅茶				

リストと比較し、照合します。

照合条件は以下のとおりです。

完全一致

前方一致

後方一致

含む

　マスターデータ側は、リストに入れています。PythonとExcelアプリケーションの連携の部分には時間がかかるので、リストを活用することでリストに入れた方が高速処理ができるからです。照合用データ側は、都度、Excelから値を取得しています。これは、本プログラムを読者の皆さんの業務に適用するとき、Excelの画面を見ながら、調整作業ができるからです。

　最低限照合される側もリストにして、高速処理をすることもできますが、Excelの列番号とインデックス番号（0から始まる）にずれがあってミスをしやすいのでご注意ください。

　ここでは、完全一致、前方一致、後方一致、値を含むの4つの条件で確認するため、「match文」を使用しています。

🐍 4.6. match Statements

https://docs.python.org/ja/3/tutorial/controlflow.html?#match-statements

※バージョン3.10で追加.

🐍 8.6. The match statement

https://docs.python.org/ja/3/reference/compound_stmts.html#match

　if文を使うと、その次にelifを使うことになるのですが、前の条件で限定されるので、パラレルに条件を設定するために「match文」を使用しました。

　本書執筆時点で、Pythonのマニュアルはまだ英語ですが、caseには、「as one or more case blocks」とあり、1つだけでも良いようです。

　「match文」を使う場合、case側には複雑な内容は書けないようですので条件をmatch側に書いて、case側には、条件の一致した場合として、「True:」を記述しています。

　まだ、本書、発行時点において、「match文」の使い方を解説したものが少ないのですが、今後、増加してくるでしょう。

🐍 前方一致、後方一致、値を含む.py

```python
import win32com.client as com
import os
import datetime


# サンプルプログラム基準のエクセルファイルパスを定義しています。
# プログラムファイルのディレクトリパス（folder_path）の取得
folder_path = os.path.dirname(__file__)
print("プログラムファイルのディレクトリパス:", folder_path)


# エクセルファイルのパス
excel_file_path = folder_path + os.sep + "PythonハンバーガーShopメ
ニュー.xlsx"
print("エクセルファイルのパス:", excel_file_path)


# Excelアプリケーションの起動
app = com.Dispatch("Excel.Application")
app.Visible = True
app.DisplayAlerts = False


# PythonハンバーガーShopメニュー.xlsxを開く
wb = app.Workbooks.Open(excel_file_path)
sheet = wb.Worksheets("Sheet1")


search_list = ["チーズ", "ポテト", "コーラ"]


# 変数定義
# ex_r_no：エクセルの行番号


for ex_r_no in range(3, 15):

    # メニューを読み込む
    menu = sheet.Cells(ex_r_no, 2).value
    print(menu)
```

```
    for list_id in range(0, 3):
        match menu == search_list[list_id]:
            case True:
                print(search_list[list_id])
                sheet.Cells(ex_r_no, 3).value = search_list[list_
id]

        match menu.startswith(search_list[list_id]):
            case True:
                print(search_list[list_id])
                sheet.Cells(ex_r_no, 4).value = search_list[list_
id]

        match menu.endswith(search_list[list_id]):
            case True:
                print(search_list[list_id])
                sheet.Cells(ex_r_no, 5).value = search_list[list_
id]

        match search_list[list_id] in menu:
            case True:
                print(search_list[list_id])
                sheet.Cells(ex_r_no, 6).value = search_list[list_
id]
```

教材は、照合される側のデータ：PythonハンバーガーShopメニュー.xlsxです。

7 正規表現に基づいた正誤判定

> Pythonには、正規表現の機能が充実しています。正規表現を使うと、データが一定のルールに基づいているかを判断することができます。

　自動処理において指定フォーマット以外のデータが混入していると、そのデータによって処理が止まってしまい、そのあとのデータの処理ができていない事例があります。そのようなケースを防ぐため、事前にデータをチェックしておくことが大切です。

> **正規表現で判断可能な例**
> - メールアドレス
> - 郵便番号
> - 製品番号
> - 半角中に全角文字が含まれているかのチェック

　本書では、チェック対象のデータがExcelシート上にあるものとし、正規表現によって正誤判定し、結果をExcel上に記入できるようにしました。

　なお、正規表現については、以下の書籍を参考にしました。
　特に、メールアドレスのパターンは、書籍で紹介している内容を使用しています。

　『Pythonプログラミング逆引き大全400の極意（秀和システム　金城俊哉）』

　正規表現には多くの機能、あるいは、設定方法があります。Pythonの書籍の中でも、上記の書籍に詳しく書かれています。Pythonをデータの記入ルールに関するチェックに活用したい場合、ご参考ください。

　また、Python公式ホームページは以下になります。

正規表現操作

https://docs.python.org/ja/3/library/re.html?highlight=re#

情報の整理

プログラム：文字列の正規表現判定_提出用.py

照合される側のデータ：正規表現によるチェック用.xlsx

図9.12　正規表現によるチェック

	A	B	C	D
1	正規表現			
5	対象		備考	チェック結果
6	test@example.com	test@example.com		OK
7	test＠example.com	test＠example.com	＠：全角	NG
8	testexample.com	testexample.com		NG
9				
10	CAS No. ***-****-*:	数字の間にハイフンが2か所		
11	123-123-999	123-123-999		OK
12	123-45678896333	123-45678896333		NG
13	123-45678-89	123-45678-89		OK
14				
15	数字2桁-数字3桁-数字4桁			
16	22-235-2346	22-235-2346		OK
17	123-123-999	123-123-999		NG
18	123-45678896333	123-45678896333		NG
19	123-45678-89	123-45678-89		NG
20				
21	スペースの有無のチェック			
22	22-235- 2346	22-235- 2346		スペース無し
23				スペース有り
24	123-45678896333	123-45678896333		スペース有り
25	123-45678-89	123-45678-89		スペース無し
26				スペース有り

今回、チェックしようとしているデータの形式は次の内容です。

❶メールアドレス

[a-zA-Z0-9._%+-]+@+[a-zA-Z0-9.-]+(¥.[a-zA-Z]{2,4})

❷化合物の登録番号（CAS No.、CAS RN）

[0-9]+(¥-)+[0-9]+(¥-)+[0-9]

❸数字2桁-数字3桁-数字4桁による形式のデータ（部品番号等）

(¥d¥d)+(¥-)+(¥d¥d¥d)+(¥-)+(¥d¥d¥d¥d)

❹データへのスペースの混在チェック

¥s+[a-zA-Z0-9-]|[a-zA-Z0-9-]+¥s+[a-zA-Z0-9-]|[a-zA-Z0-9-]+¥s

※これらの正規表現は、一例としての参考パターンです。

業務手順は次のとおりです。

①モジュールのインポート
②Excelアプリケーションの起動
③正規表現による照合用データ.xlsxを開く
④正規表現によりデータをチェック
⑤チェック結果をPythonのターミナル画面に表示
⑥Excelアプリケーションの対象データの横に判断結果を入力

📎 文字列の正規表現判定.py

```python
import win32com.client as com
import os
import re


# サンプルプログラム基準のエクセルファイルパスを定義しています。
# プログラムファイルのディレクトリパス（folder_path）の取得
folder_path = os.path.dirname(__file__)
print("プログラムファイルのディレクトリパス：", folder_path)
```

```python
# エクセルファイルのパス
excel_file_path = folder_path + os.sep + "正規表現によるチェック用.
xlsx"
print("エクセルファイルのパス:", excel_file_path)

# Excelアプリケーションの起動
app = com.Dispatch("Excel.Application")
app.Visible = True
app.DisplayAlerts = False

# 正規表現によるチェック用.xlsxを開く
wb_1 = app.Workbooks.Open(excel_file_path)
sheet1 = wb_1.Worksheets("Sheet1")

# メールの正規表現
for y in range(6, 9):
    print(y)

    # チェック対象データの取得
    test_text = sheet1.Cells(y, 1).Value
    print(type(test_text))
    print(test_text)
    sheet1.Cells(y, 2).Value = test_text

    # メールの正規表現
    pattern_1 = "[a-zA-Z0-9._%+-]+@+[a-zA-Z0-9.-]+(¥.[a-zA-Z]
{2,4})"  # ¥.は.という文字を表す

    if re.match(pattern_1, test_text):
        print("OK:" + test_text)
        sheet1.Cells(y, 4).Value = "○:OK"
    else:
        print("NG:" + test_text)
        sheet1.Cells(y, 4).Value = "●:NG"
```

```python
# CAS No.の正規表現
for y in range(11, 14):
    print(y)

    # チェック対象データの取得
    test_text = sheet1.Cells(y, 1).Value
    print(type(test_text))
    print(test_text)
    sheet1.Cells(y, 2).Value = test_text

    # CAS No.の正規表現
    pattern_2 = "[0-9]+(\-)+[0-9]+(\-)+[0-9]"

    if re.match(pattern_2, test_text):
        print("OK:" + test_text)
        sheet1.Cells(y, 4).Value = "○:OK"
    else:
        print("NG:" + test_text)
        sheet1.Cells(y, 4).Value = "●:NG"

# 数字2桁-数字3桁-数字4桁の正規表現
for y in range(16, 20):
    print(y)

    # チェック対象データの取得
    test_text = sheet1.Cells(y, 1).Value
    print(test_text)
    sheet1.Cells(y, 2).Value = test_text

    # 数字2桁-数字3桁-数字4桁の正規表現
    pattern_3 = "(\d\d)+(\-)+(\d\d\d)+(\-)+(\d\d\d\d)"

    if re.match(pattern_3, test_text):
        print("OK:" + test_text)
        sheet1.Cells(y, 4).Value = "○:OK"
    else:
```

9
Excelの取り扱い

```
        print("NG:" + test_text)
        sheet1.Cells(y, 4).Value = "●:NG"

# スペース有無のチェック
for y in range(22, 27):
    print(y)

    # チェック対象データの取得
    test_text = sheet1.Cells(y, 1).Value
    print(type(test_text))
    print(test_text)
    sheet1.Cells(y, 2).Value = test_text

    # スペースを含むかどうかチェックするための正規表現
    pattern_4 = "(¥s+[a-zA-Z0-9-]|[a-zA-Z0-9-]+¥s+[a-zA-Z0-9-]|[a-
zA-Z0-9-]+¥s)"

    if re.match(pattern_4, test_text):
        print("スペース有り:" + test_text)
        sheet1.Cells(y, 4).Value = "●:スペース有り"
    else:
        print("スペース無し:" + test_text)
        sheet1.Cells(y, 4).Value = "○:スペース無し"
```

　なお、上記では、re.match()メソッドを使っています。re.search()メソッドを使う場合もあります。

　この違いは、正規表現のパターンとの照合を先頭から行うか、文字列中の位置にかかわらず確認するかの違いとなります。今回は、先頭から照合するため、re.match()メソッドを使っています。

🐍 search() vs. match()

https://docs.python.org/ja/3/library/re.html?highlight=re#search-vs-match

教材は、正規表現によるチェック用.xlsxです。

8　フィルタ機能

自動処理において、一定条件のデータに対してアクションするケースは多くあります。以下では、データにフィルタをかける方法を解説します。

フィルタ機能にVBAを使って活用されている方も多いと思います。Pythonを用いてWindowsのcomオブジェクトを操作するときの参考にしてください。

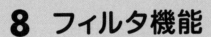図9.13　フィルタ機能_元データ

A	B	C	D	E	F	G	H	I	J	K
	1	2	3	4	5	6	7	8	9	10
	お取引先様リスト									
	番号	顧客ID	支社	会社	部署	姓	名	役職	メールアドレス	購入金額
	1	A-123	関東	江戸商業	営業部	鈴木	太郎	取締役	mail-1@mail.com	250000
	2	B-156	中部	明治自動車	製造部	田中	豊	社長	mail-2@mail.com	130000
	3	C-489	関西	大正飛行機	マーケティング部	佐藤	裕	部長	mail-3@mail.com	130000
	4	C-589	関東	昭和ロボット	検査部	徳川	一郎	部長	mail-4@mail.com	100000
	5	A-584	中部	平成機関車	サービス部	太田	大介	社長	mail-5@mail.com	50000
	6	A-124	関東	江戸商業	営業部	神谷	人郎	取締役	mail-6@mail.com	2000
	7	B-157	中部	明治自動車	製造部	田中	新	社長	mail-7@mail.com	20500

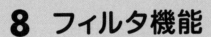図9.14　フィルタ機能の結果

A	B	C	D	E	F	G	H	I	J	K
	1	2	3	4	5	6	7	8	9	10
	お取引先様リスト									
	番号	顧客ID	支社	会社	部署	姓	名	役職	メールアドレス	購入金額
	番号	顧客ID	支社	会社	部署	姓	名	役職	メールアドレス	購入金額
	5	A-584	中部	平成機関車	サービス部	太田	大介	社長	mail-5@mail.com	50000
	25	A-588	中部	平成機関車	サービス部	鈴木	大介	社長	mail-25@mail.com	100000
	45	A-592	中部	平成機関車	サービス部	太田	大介	社長	mail-45@mail.com	50000
	55	A-594	中部	平成機関車	サービス部	田中	大介	社長	mail-55@mail.com	50000
	115	A-606	中部	平成機関車	サービス部	佐藤	大介	社長	mail-115@mail.com	100000
	145	A-612	中部	平成機関車	サービス部	鈴木	大介	社長	mail-145@mail.com	68000

なお、フィルタ機能のマニュアルはこちらになります。

🐍 Range.AutoFilter メソッド（Excel）

> https://learn.microsoft.com/ja-jp/office/vba/api/excel.range.autofilter

---

情報の整理

プログラム：エクセルフィルター用プログラム_ファイルのコピー_最終版.py

照合される側のデータ：お取引先様リスト.xlsx

業務手順は次のとおりです。

---

①モジュールのインポート　　　④フィルタ条件を設定し、実行

②Excelアプリケーションの起動　　⑤別ファイルにフィルタ結果を記録

③お取引先様リスト.xlsx　を開く

※元ファイルも保存されてしまう（自動保存を解除）

プログラムは以下のようになります。

🐍 フィルター用プログラム.py

```python
import win32com.client as com
import os
import shutil


# サンプルプログラム基準のエクセルファイルパスを定義しています。
# プログラムファイルのディレクトリパス (folder_path) の取得
folder_path = os.path.dirname(__file__)
print("プログラムファイルのディレクトリパス:", folder_path)


# エクセルファイルのパス
excel_file_path = folder_path + os.sep + "お取引先様リスト.xlsx"
print("エクセルファイルのパス:", excel_file_path)


# コピー先のファイルのパス（フィルタ結果の切り出し用ファイル）
excel_file_path_3 = folder_path + os.sep + "フィルタ結果の切り出し.xlsx"
shutil.copy2(excel_file_path, excel_file_path_3)
```

```
# Ex
celアプリケーションの起動
app = com.Dispatch("Excel.Application")
app.Visible = True
app.DisplayAlerts = False


# お取引先様リスト.xlsxを開く
wb_1 = app.Workbooks.Open(excel_file_path)
sheet1 = wb_1.Worksheets("Sheet1")


# ソートの実行
# 1つ目の条件 (B列がAで始める)
sheet1.Range("B3:Q54").AutoFilter(Field=2, Criteria1="=*A-*")


# 追加条件 (K列が50000円～100000円)
sheet1.Range("B3:Q54").AutoFilter(
    Field=10, Criteria1=">=50000", Operator=1, Criteria2="<=100000"
)


# 追条件 (I列が社長)
sheet1.Range("B3:Q54").AutoFilter(Field=8, Criteria1="社長")


# フィルタ結果の切り出し.xlsxを開く
wb_3 = app.Workbooks.Open(excel_file_path_3)
sheet3 = wb_3.Worksheets("Sheet1")


# 書式を残しデータを削除
sheet3.Range("4:200").Delete()


# フィルタ結果をフィルタ結果の切り出し用シートにコピーする。
sheet1.Range("3:200").Copy(Destination=sheet3.Range("A4"))
```

教材は、お取引先様リスト.xlsxです。

9 ソート機能

自動処理において、上位のデータに対してアクションを行うケースは多くあります。以下では、データにソートをかける方法を解説します。

なお、マニュアルはこちらになります。

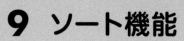Sortオブジェクト (Excel)

> https://learn.microsoft.com/ja-jp/office/vba/api/excel.sort

情報の整理
プログラム：エクセル_ソート_Program提出用.py
照合される側のデータ：お取引先様リスト3.xlsx

以下はソート前のお取引先様リストです。

📘図9.15　お取引先様リスト (ソート前)

A	B	C	D	E	F	G	H	I	J	K
1	1	2	3	4	5	6	7	8	9	10
2	お取引先様リスト									
3	番号	顧客ID	支社	会社	部署	姓	名	役職	メールアドレス	購入金額
4	1	A-123	関東	江戸商事	営業部	鈴木	太郎	取締役	mail-1@mail.com	250000
5	2	B-156	中部	明治自動車	製造部	田中	二	社長	mail-2@mail.com	100000
6	3	C-489	関西	大正飛行機	マーケティング部	佐藤	裕	部長	mail-3@mail.com	150000
7	4	C-589	関東	昭和ロボット	検査部	徳川	一郎	部長	mail-4@mail.com	100000
8	5	A-584	中部	平成機関車	サービス部	太田	大介	社長	mail-5@mail.com	50000
9	6	A-124	関東	江戸商業	営業部	神谷	太郎	取締役	mail-6@mail.com	2000
10	7	B-157	中部	明治自動車	製造部	田中	新	社長	mail-7@mail.com	20500

以下は、ソート後のお取引先様リストです。

図9.16　お取引先様リスト（ソート後）

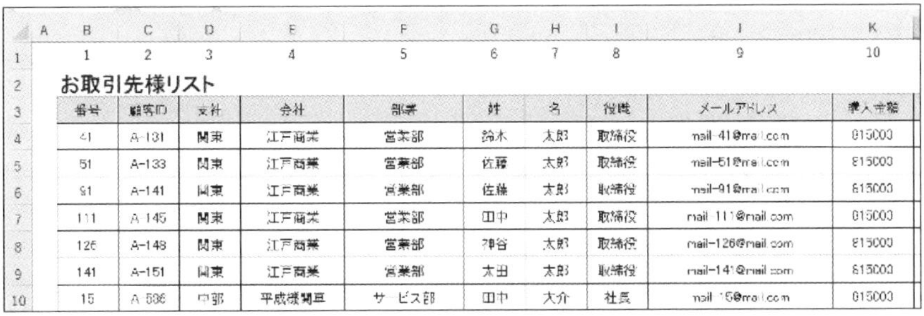

業務手順は次のとおりです。

①モジュールのインポート　　　④ソート条件を設定し、実行
②Excelアプリケーションの起動　⑤別ファイルにソート結果を記録
③ソート機能用データ.xlsxを開く

プログラムは以下のようになります。

ソート用プログラム.py

```python
import win32com.client as com
import os
import shutil


# サンプルプログラム基準のエクセルファイルパスを定義しています。
# プログラムファイルのディレクトリパス（folder_path）の取得
folder_path = os.path.dirname(__file__)
print("プログラムファイルのディレクトリパス:", folder_path)


# エクセルファイルのパス
excel_file_path = folder_path + os.sep + "お取引先様リスト3.xlsx"
print("エクセルファイルのパス:", excel_file_path)


# コピー先のファイルのパス（フィルタ結果の切り出し用ファイル）
excel_file_path_3 = folder_path + os.sep + "ソート結果の切り出し.xlsx"
shutil.copy2(excel_file_path, excel_file_path_3)
```

```
# Excelアプリケーションの起動
app = com.Dispatch("Excel.Application")
app.Visible = True
app.DisplayAlerts = False

# お取引先様リスト.xlsxを開く
wb_1 = app.Workbooks.Open(excel_file_path)
sheet1 = wb_1.Worksheets("Sheet1")

# Sort Numberの割り振り
xlAscending = 1
xlDescendig = 2
xlYes = 1

# K列で降順（購入金額の多い順）
wb_1.Sheets(1).Range("B4:Q154").Sort(
    Key1=wb_1.Sheets(1).Range("K4"), Order1=xlDescendig, Header=xlYes
)

# D列で昇順（支社コード順）
wb_1.Sheets(1).Range("B4:Q154").Sort(
    Key1=wb_1.Sheets(1).Range("D4"), Order1=xlAscending, Header=xlYes
)

# ソート結果の保存.xlsxを開く
wb_3 = app.Workbooks.Open(excel_file_path_3)
sheet3 = wb_3.Worksheets("Sheet1")

# 書式を残しデータを削除
sheet3.Range("4:200").Delete()

# フィルタ結果をフィルタ結果の切り出し用シートにコピーする。
sheet1.Range("3:200").Copy(Destination=sheet3.Range("A4"))
```

教材は、お取引先様リスト3.xlsxです。

10 VBAの実行

本節では、Pythonからマクロを使用する方法を解説します。

ファイルを開いて、マクロ名を指定することでマクロを実行します。

🐍 コード

```
app.Application.Run("Macro1_sample")
```

なお、マニュアルはこちらになります。

🐍 Application.Run メソッド (Excel)

> https://learn.microsoft.com/ja-jp/office/vba/api/excel.application.run

🐍 エクセル_マクロ実行用.py

```
import win32com.client as com
import os
import shutil

# サンプルプログラム基準のエクセルファイルパスを定義しています。
# プログラムファイルのディレクトリパス (folder_path) の取得
folder_path = os.path.dirname(__file__)
print("プログラムファイルのディレクトリパス:", folder_path)

# エクセルファイルのパス
excel_file_path = folder_path + os.sep + "マクロのサンプル.xlsm"
print("エクセルファイルのパス:", excel_file_path)

# Excelアプリケーションの起動
```

```
app = com.Dispatch("Excel.Application")
app.Visible = True
app.DisplayAlerts = False

# マクロのサンプル.xlsmを開く
wb_1 = app.Workbooks.Open(excel_file_path)
sheet1 = wb_1.Worksheets("Sheet1")


app.Application.Run("Macro1_sample")
```

「app.Application.Run("Macro1_sample")」のコードによって、Pythonからマクロを実行することができます。

教材は、マクロのサンプル.xlsmです。

11 pdfファイルの出力

本節では、Excelデータをpdfファイルで出力する方法を解説します。

　なお、VBAマニュアルはこちらになります。これは、ブックをPDF、またはXPS形式に発行するためのマニュアルです。

🐍 Workbook.ExportAsFixedFormat メソッド (Excel)

> https://learn.microsoft.com/ja-jp/office/vba/api/excel.workbook.
> exportasfixedformat

Excelから出力するpdfファイルには2種類ありますので、形式を指定します。

🐍 XlFixedFormatType 列挙 (Excel)

> https://learn.microsoft.com/ja-jp/office/vba/api/excel.xlfixedformattype

🐍 エクセル_PDF出力用.py

```python
import win32com.client as com
import os
import shutil

# サンプルプログラム基準のエクセルファイルパスを定義しています。
# プログラムファイルのディレクトリパス (folder_path) の取得
folder_path = os.path.dirname(__file__)
print("プログラムファイルのディレクトリパス:", folder_path)

# エクセルファイルのパス
excel_file_path = folder_path + os.sep + "ソート結果の切り出し_出力用"
```

```
print("エクセルファイルのパス:", excel_file_path)

# Excelアプリケーションの起動
app = com.Dispatch("Excel.Application")
app.Visible = True
app.DisplayAlerts = False

# お取引先様リスト.xlsxを開く
wb_1 = app.Workbooks.Open(excel_file_path)
sheet1 = wb_1.Worksheets("Sheet1")

# ファイルのパス
pdf_file_path = folder_path + os.sep + "結果ファイル.pdf"
print("pdfファイルのパス:", pdf_file_path)

# wb_1.ActiveSheet.ExportAsFixedFormat(Type = xlTypePDF, FileName
= "sales.pdf")
wb_1.ActiveSheet.ExportAsFixedFormat(0, pdf_file_path)
```

教材は、ソート結果の切り出し_出力用.xlsxです。

第10章

Outlookを使った
メール業務の効率化

業務でメールを使うことは多く、自動処理によって効率化したいというニーズがあります。

本書では、Outlookを使ったメールの自動処理について解説します。

RPA的な操作方法として、人の操作のプログラムの置き換えが、初心者にもわかりやすく、ミスがないために本章では、Outlookを操作することによるメールの送受信を解説します。

この章でできること

- 送信
  ❶ Outlookを使って、メールを送信できる（TEXT形式、HTML形式）
  ❷ 複数のアカウントのあるとき、指定したアカウントから送信できる

- 受信
  ❶ メールの情報を取得できる（受信BOX）
  ❷ 指定したフォルダにあるメールの情報を取得できる
  ❸ 複数のアカウントのあるとき、指定したアカウントの情報を取得できる

1　メール送信

本節では、いくつかのパターンでのメール送信の方法について解説します。

- 基本パターンの送信方法
- 送信元メールアドレスの変更方法
- 書式設定：HTMLにおける本文の作成方法

　なお、本機能の使用にあたっては、マイクロソフトの利用規約の遵守をお願いします。本章では、マイクロソフトのOutlookマニュアル記載事項のPythonプログラムへの適用方法までの解説となります。メールアカウントの種類や状態によっては、本プログラムによって外部からの操作ができない場合があります。

(1) 基本パターンの送信方法

　メールを送信するためのプログラムの基本パターンを解説します。基本パターンとは、テキスト形式の書式、添付ファイル付きのメールで、複数の宛先を設定する方法です。

図10.1　メールの基本パターン

　プログラムの作成するにあたり、まず、情報を整理します。メールを送信するための作業における情報を整理すると以下のようになります。

❶メール送信のため各種設定項目

　Outlookを使ってメールを送信するときは、以下の項目を設定します。

　メール送信、メール受信ともに、Windowsを操作するAPIであるWin32comを活用します。先のメール画面の内容の設定方法をサンプルプログラムで示します。

🖶 表1　メール送信のためのコマンド

	ライブラリ・オブジェクト・メソッド・プロパティ等
使用するライブラリ	win32com.client
Outlookの指定	outlook = win32com.client.Dispatch ("Outlook.application")
メールの新規作成	mail = outlook.CreateItem(0)
送信元	mail.SentOnBehalfOfName
メールアドレス	※1番目のアカウントを使用する場合は、設定不要
書式設定	mail.BodyFormat = 1　　　　(TEXT) mail.BodyFormat = 2　　　　(HTML)
送信先・宛先	mail.To
CC (写し)	mail.Cc
BCC	mail.Bcc
メールタイトル	mail.Subject
メール本文	mail.Body
添付ファイル	mail.Attachments.Add()
メールの表示	mail.Display()
メールの保存	mail.Save()
メールの送信	mail.Send()

※MicrosoftのOutlook側の仕様変更によって変更となる場合があります。

Outlookのマニュアルはこちらになります。

🐍 メールの新規作成方法

https://docs.microsoft.com/ja-jp/office/vba/api/outlook.application.createitem

🐍 メール本体への各要素の指定方法

https://docs.microsoft.com/ja-jp/office/vba/api/outlook.mailitem

🐍 保存する場合

https://learn.microsoft.com/ja-jp/office/vba/api/outlook.mailitem.save

🐍 送信する場合

https://learn.microsoft.com/ja-jp/office/vba/api/outlook.mailitem.send
(method)

❷ サンプルプログラム事例
🐍 メール送信_1_TEXT形式.py

```python
import win32com.client
import os


outlook = win32com.client.Dispatch("Outlook.application")
mail = outlook.CreateItem(0)


# mail.SentOnBehalfOfName = "＊＊＊@gmail.com"
# mail.SendUsingAccount ="＊＊＊@gmail.com"  #変更できない


mail.BodyFormat = 1   # 書式設定：1(TEXT)


mail.To = "Test_01@example.com"
mail.Cc = "Test_02@example.com;test_03@example.com;
Test_04@example.com"
```

```
mail.Bcc = "Test_05@example.com"
mail.Subject = "メールタイトル"


# メール本文
mail.Body = "石川様" + "¥n¥n" + "いつもお世話になっています。" + "¥n¥n" +
"今後ともよろしくお願いいたします。" + "¥n¥n"


# プログラムファイルのディレクトリパス（folder_path）の取得
folder_path = os.path.dirname(__file__)
# エクセルファイルのパス
attachments_file_path_1 = folder_path + os.sep + "TEST1.txt"
attachments_file_path_2 = folder_path + os.sep + "TEST2.txt"
attachments_file_path_3 = folder_path + os.sep + "TEST3.txt"


mail.Attachments.Add(attachments_file_path_1)
mail.Attachments.Add(attachments_file_path_2)
mail.Attachments.Add(attachments_file_path_3)


mail.Display()   # メールの表示


mail.Save()   # メールの保存
# mail.Send()   # メールの送信
```

複数のメールアドレスを設定するときは、セミコロン（;）で区切ります。

メール本文において、改行するときは、「¥n¥n」改行記号を使います。

> mail.Body = '■■■様'+"¥n¥n"+'いつもお世話になっています。'+"¥n¥n"+'今後と
> もよろしくお願いいたします。'+"¥n¥n"

テキスト形式では、色等を指定できません。

mailオブジェクトのAttachmentsメソッドのAddプロパティで、添付ファイルを指定することができます。複数ある場合は、上記のようにファイルごとに指定します。

このサンプルプログラムのメールアドレスは、実在しません。実在しないメールアドレスを送信先に選択し、このプログラムを使って、メール送信の練習を繰り返すとアカウントのロックがかかる場合がありますので、ご注意ください。

10

Outlookを使ったメール業務の効率化

🐍 (2) 送信元メールアドレスの変更方法

　Outlookを使用する際、複数のメールアドレス（アカウント）を設定して業務をされ
ている方も多くおられます
　（例：個人用のメールアカウント＋会社の問い合わせ窓口用のメールアカウント等）。
ここでは送信元を選択して送信する方法を解説します。

　「表示名」に対応する属性である「SentOnBehalfOfName」に送信元メールアドレス
を設定します。設定しないと、1番目アカウントを送信元のメールアドレスとなります。

送信元のアドレスについて

コラム

　マイクロソフトのOutlookのマニュアルには、送信元メールアドレスとして、
SendUsingAccountがありますが、本書の出版時点でPythonからOutlookを操作
する場合に、送信元メールアドレスとして、このプロパティでは、送信メールアドレス
を変更できませんでした。Sendメソッドのプロパティなので、送信時に設定されるの
かもしれません。しかしながら、誤送信の防止の観点より、Outlookの送信前画面で
送信元メールアドレスが意図した通りに設定されているか確認したいと考えました。
そこで、表示名のプロパティを持用いて、アカウントのメールアドレスを設定すること
ができることがわかりました。

・表示名のプロパティ：mail.SentOnBehalfOfName

　将来、マイクロソフトのOutlookの機能変更によって、SendUsingAccountを用
いて送信元メールアドレスを設定するようになるかもしれません。その場合、
SendUsingAccountを用いてアカウントのメールアドレスを設定することになりま
す。

<img /> (3) 書式設定：HTMLにおける本文の作成方法

HTML形式の場合、書式を細かく設定することができます。基本パターン書式（TEXT）に対し、書式設定と本文の書き方が変わります。

以下にメール本文の例を解説します。

【重要】以下、2行分、赤字で表記しています。

【補足】以下、2行分、青字で表記しています。

それ以外は、黒字で表記しています。

図10.2　メール本文の例

```
石川様↓
いつもお世話になっています。↓
先日はありがとうございました。↓
↓
文章1↓
文章2↓
【重要】（赤色で表示されます）↓
＊＊＊＊について、重要事項をご連絡いたします。↓
【補足】（青色で表示されます）↓
＊＊＊＊について、補足事項がございます。↓
↓
今後ともよろしくお願いいたします。（黒色に戻しています）↵
```

❶書式の設定

先ほどのTEXT形式を、HTML形式に変更します

```
mail.BodyFormat = 1  # TEXT
        ↓
mail.BodyFormat = 2  # HTML
```

❷本文

　HTMLというのは、Web画面の表記のための方法です。そのため、メールの本文の書式設定が、Html形式のときは、html言語で表記することで、フォント種、フォントサイズ、色、太字等を設定することができます。

　改行は
で指定します。

　上記のメール本文に対応した内容は以下の例のようにすることで、黒、赤、青文字の文章を使うことができます。

🐍 メール送信_2_HTML形式.py

```
# メール本文
mail.Body = mail.HTMLBody = (
    '<font face="游明朝" font size="10 color="#000000">石川様<BR>'
    + "いつもお世話になっています。<BR>"
    + "先日はありがとうございました。"
    + "<BR>"
    + "<BR>文章1"
    + "<BR>文章2<BR>"
    + "<BR>"
    + '<font color="red">【重要】(赤色で表示されます)'
    + "<BR>＊＊＊について、重要事項をご連絡いたします。</font>'<BR>"
    + "<BR>"
    + '<font color="blue">【補足】(青色で表示されます)'
    + "<BR>＊＊＊について、補足事項がございます。</font>'<BR>"
    + "<BR>"
    + '<font color="#000000">'
    + "今後ともよろしくお願いいたします。(黒色に戻しています)</font></b>"
)
```

❸ HTML言語の基礎

HTML言語に基づく書式の変更方法の基本を解説します。詳細は、HTMLの解説書をご参考ください。

● 文章を黒字にするときの例

初期設定は黒字ですが、他の色に変更した後、黒に戻すときには、以下のように設定しています。

🐍コード

```
+ '<font color="#000000">'
+ "今後ともよろしくお願いいたします。(黒色に戻しています) </font></b>"
```

● 文章を赤字にするときの例

🐍コード

```
+ '<font color="red">【重要】(赤色で表示されます) '
+ "<BR>＊＊＊＊について、重要事項をご連絡いたします。</font>'<BR>"
```

● 文字を太字にするとき

🐍コード

```
'<b>【緊急】</b>'
```

上記のように、とで囲むと、太字で、『【緊急】』と表示します。

● 文字サイズを変更するとき

🐍コード

```
'<font font size="9" color="red">【緊急】</font>'
```

フォントサイズ：9で、赤字で『【緊急】』と表示します。

● フォントを『游ゴシック』、赤字、太字にするときの例

🐍 コード

```
'<font face="游ゴシック" color="red"><b>【緊急】</b></font>'
```

htmlでよく使われる色記号には、以下の場合があります。

🐍 表2　色記号の種類

black	#000000	fuchsia	#ff00ff
red	#ff0000	orange	#ffa500
blue	#0000ff	navy	#000080
green	#008000	teal	#008080
yellow	#ffff00	aqua	#00ffff
purple	#800080	maroon	#800000
gray	#808080	silver	#c0c0c0
olive	#808000	white	#ffffff
lime	#00ff00		

例えば、文章を青字にするときは、blueまたは、#0000ffで指定します。
また、改行するときは、

🐍 コード

```
MailItem.HTMLBody = '<b>【緊急】</b>'<br>
```

というように、改行したいところで
を記入します。改行のための
は、
</br>で囲む必要はありません。
　Pythonでは、文章に（¥:バックスラッシュ）を付けると、長い文章をつなげて書くことができます。フォントや、色等を指定するとコードが長くなりますので、（¥）で区切ることで見やすくできます。

注意事項

　PythonからOutlookの操作の練習として、大量のメールの送信をするとアカウントがロックされることがあります。アカウントがロックされた場合は、以下のような内容のメールが届きますので、メールの内容に従って対応する必要があります。

　「Someone may have used your account to send out a lot of junk emails or something else that violates our Terms of Service.」

　詳細は、メールの内容をご確認ください。

ご参考：Outlookが使えない場合

　Outlookが使えない場合は、標準ライブラリを使います。これらの活用事例は多く紹介されています。

🐍 メールの送信用ライブラリ　smtplib

https://docs.python.org/3/library/smtplib.html

🐍 メールの受信用ライブラリ　imaplib

https://docs.python.org/3/library/imaplib.html

ご参考：Outlookへのアカウント設定

　Outlookには、各種のメールアカウントを設定できます。企業ドメインのアカウントだけではなく、Gmail、Yahoo、iCloud、Exchangeアカウント等を設定できます。

　なお、一般社団法人ビジネスメール協会の調査では、Outlookをビジネスで使用する比率は、55.19%、Gmailは、39.22%とのデータがあります。

🔗ビジネスメール実態調査2021（一般社団法人日本ビジネスメール協会）

> https://businessmail.or.jp/research/2021-result/

　Outlookへのメールアカウントを追加する方法は以下のとおりです（マイクロソフトWebサイトより）。

① Outlook を開いて、ファイル➡アカウントの追加の順に選択します。
　※以前にOutlookを起動したことがない場合は、[ようこそ]画面が表示されます。
② メール アドレスを入力して、接続ボタンを選択します。
③ 画面が異なる場合は、名前、メールアドレス、パスワードを入力して次へボタンを選択します。
④ メッセージが表示されたら、パスワードを入力し、OKボタンを選択します。
⑤ 完了ボタンをクリックします。

　Googleの検索窓に「Outlook　はじめにアカウントをセットアップするメールアカウントをOutlookに追加する」と入力しても表示されます。

2 受信メール情報の取得

本節では、受信したメールの情報の取得方法を解説します。

🐍 (1) メール受信のためのライブラリ

　受信メールの情報を取り出す場合は、MAPI（Messaging Application Programming Interface）というOutlookから情報を取得するためのAPIを活用します。

　マニュアルはこちらになります。

🐍 Outlook MAPI リファレンス

> https://learn.microsoft.com/ja-jp/office/client-developer/outlook/mapi/outlook-mapi-reference

🐍 MAPIを有効にする

> https://learn.microsoft.com/ja-jp/exchange/recipients-in-exchange-online/manage-user-mailboxes/enable-or-disable-mapi

(2) 受信メール情報の各種設定項目

表3　受信メール情報を取得するためのコマンド

	ライブラリ・オブジェクト・メソッド・プロパティ等
使用するライブラリ	win32com.client
Outlookの指定	outlook = win32com.client.Dispatch("Outlook.Application").GetNamespace("MAPI")
アカウントの指定	account = accounts(2) ※1番目のアカウントを使用する場合は設定不要
受信ボックス	outlook.GetDefaultFolder(6)
フォルダの指定	Folders (複数形)
メール情報	Items
メールタイトル	Subject
送信元メールアドレス	SenderEmailAddress、または、Sender
受信日時	ReceivedTime
メール本文	Body

※Microsoft Outlookの仕様変更によって異なる場合があります。詳細は、マニュアルをご覧ください。

(3) Outlookアカウントのメール情報の取得

受信用_Outlook用.py

```python
import win32com.client

# GetNameSpace ("MAPI") を使用して、
# Application オブジェクト Outlook NameSpace オブジェクトを 取得 します。
outlook = win32com.client.Dispatch("Outlook.Application").
GetNamespace("MAPI")

# 既定のフォルダーを表す Folder オブジェクトを取得します。
inbox = outlook.GetDefaultFolder(6)
# 6：受信トレイ (今回は、inboxと定義)、5：送信済みアイテム、9：予定表
```

```
# 受信フォルダの全てのメール情報を取得する場合
# myMailItems = inbox.Items

# 受信フォルダのサブフォルダ (作業用) 指定しメール情報を取得する場合
myMailItems = inbox.Folders("作業用").Items

# Items プロパティ を使用 して、Folder オブジェクトのItems オブジェクトのプロパ
ティを取得 します。

for myMailItem in myMailItems:
    print("【2.メールタイトル  Subject:】", myMailItem.Subject)
    print("【3.送信元メールアドレスA SenderEmailAddress:】", myMailItem.
SenderEmailAddress)
    print("【3.送信元メールアドレスB Sender:】", myMailItem.Sender)
    print("【4.受信日時  ReceivedTime:】" + str(myMailItem.
ReceivedTime))
    print("【5.メール本文:】")
    print(myMailItem.Body)

myFolder = Outlook.GetDefaultFolder(6)
```

フォルダ番号によって各種情報を取得できます。

🐍表4 各種情報

フォルダ名	定数名	値
削除済みアイテム	FolderDeletedItems	3
送信トレイ	FolderSentMail	5
受信トレイ	FolderInbox	6
下書き	FolderDrafts	16

　受信フォルダそのもののメールを取得すると膨大な量になります。以下のようにすることで、サブフォルダを指定することができます。

```
# 受信フォルダの全てのメール情報を取得する場合
# myMailItems = inbox.Items


# 受信フォルダのサブフォルダ（作業用）指定しメール情報を取得する場合
myMailItems = inbox.Folders("作業用").Items
```

🐍 (4) 2つ目のアカウントのメール情報の取得

　今回、Outlookアカウントを1番目、Gmailアカウントを2番目に設定したPCを想定しています。

🐍 受信用_Gmail用.py

```
import win32com.client


# GetNameSpace ("MAPI") を使用して、
# Application オブジェクトOutlook NameSpace オブジェクトを 取得 します。
outlook = win32com.client.Dispatch("Outlook.Application").
GetNamespace("MAPI")


# Gmailを2つ目のアカウントにに設定している場合
# アカウント情報を取得します。
accounts = outlook.Folders


# 2つ目のアカウントを設定します。  accounts（複数形）、account（単数形）、番号で指定
account = accounts(2)


# 2つ目のアカウントが正しく設定されたか確認します。
print("【1.設定アカウントの表示", account)


# 既定のフォルダーを表す Folders オブジェクトを取得します。
folders = account.Folders


# 受信フォルダの全てのメール情報を取得する場合
# myMailItems = folders(1).Items
```

```
# 受信フォルダのサブフォルダ（Gmail_作業用）指定しメール情報を取得する場合
myMailItems = folders(1).Folders("Gmail_作業用").Items

# 全ての myMailItems（複数形）から1つずつ、メール情報（myMailItem）を取り出します
for myMailItem in myMailItems:

    print("【2.メールタイトル Subject:】", myMailItem.Subject)
    print("【3.送信元メールアドレスA SenderEmailAddress:】", myMailItem.
SenderEmailAddress)
    print("【3.送信元メールアドレスB Sender:】", myMailItem.Sender)
    print("【4.受信日時 ReceivedTime:】" + str(myMailItem.
ReceivedTime))
    print("【5.メール本文:】")
    print(myMailItem.Body)
```

Foldersオブジェクトには、Outlookに設定してあるアカウントの情報が全て入っています。accountsオブジェクトでコレクション（複数のアカウントの集合）として、アカウントの情報を取得します。以下の部分で、複数設定してあるアカウントの内、2番目のアカウントを指定します。

```
account = accounts(2)
```

これらはマイクロソフトのオブジェクトなので、Pythonのリストをインデックスでスライスする方法とは異なり、1から始まっています。

また、インデックス番号も（2）のような括弧で指定しています。

そして、上記で設定したアカウントのフォルダ情報を以下のようにして取得しています。

```
folders = account.Folders
```

🐍 (5) メール添付ファイルの取得

続いて、メールの添付ファイル情報のある場合の添付ファイルの取得方法を解説します。

今一度、Outlookにおける受信メールのオブジェクト構造を整理します。

🐍 **図10.3　Outlookにおけるオブジェクト構造の概要**

```
メールアカウント（メールアドレス）: accounts
  └ フォルダー: Folders
      └ メール（1件1件のメール）: Items
          本書では、myMailItems と表現
          └ メール（1件毎のメール）: Item
              本書では、myMailItem と表現
              └ 1件毎のメール Item（myMailItem）の持つ情報
                  ├ メールタイトル（Subject）
                  ├ 送信元メールアドレス（SenderEmailAddress、Sender）
                  ├ 送信日時（ReceivedTime）
                  ├ メール本文（Body）
                  └ 添付ファイルの全て（Attachments）
                      ├ 添付ファイルの数（Count）
                      └ 1つひとつの添付ファイル（Attachment）
                          ├ 添付ファイルの名前（FileName）
                          └ 添付ファイルのサイズ（Size）
```

Outlookにはメールアカウントが設定されており、場合によっては複数設定されている場合もあります。そのアカウントには、複数のフォルダがあり、その中に受信BOXがあります。受信BOXの中に複数のメールがあり、1つひとつのメールにタイトル等の情報があります。ここで、先ほどまでに解説してきました。1つひとつのメールには、添付ファイルを複数持つ場合があります。

Outlookには、メールの数の情報があり、Countに値を持ちます。個々のメールの持つ添付ファイルの数は、本書の場合、myMailItem.Attachments.Countとなります。

　添付ファイルのある場合、添付ファイルを取得するためのプログラムは、先ほどのプログラムに対して、以下の点を付け加えます。

🐍 受信用_Gmail_添付ファイル取得.py

```python
import win32com.client

import os

# プログラムファイルのディレクトリパス (folder_path) の取得
folder_path = os.path.dirname(__file__)
print("プログラムファイルのディレクトリパス:", folder_path)

folder_path = folder_path + os.sep + "添付ファイルの保存フォルダ"
print("Wordファイルのパス:", folder_path)
```

　以下に添付ファイルを指定し、順番に保存します（インデントの数がわかるように、先ほどのプログラムの後ろから始めています）。

🐍 コード

```python
    print(myMailItem.Body)

    n = myMailItem.Attachments.Count
    print("Count", n)

    for i in range(1, n + 1):
        print(i)
        # 各添付ファイルを指定する
        Attachment = myMailItem.Attachments(i)

        # 各添付ファイルのファイル名、ファイルサイズの印刷
        # file_name = str(Attachment)
        print(Attachment.FileName)
        print(Attachment.Size)
        file_name = Attachment.FileName
```

```
# 各添付ファイルの保存用のファイルパス
Attachment_file_path = folder_path + os.sep + file_name
print(Attachment_file_path)


Attachment.SaveAsfile(Attachment_file_path)
```

🐍 添付ファイルに関するマニュアル

https://learn.microsoft.com/ja-jp/office/vba/api/outlook.attachment

第11章

Webの操作と
情報収集

本章では、Webシステムの操作方法を解説します。Webシステムをモデル化したトレーニングツールを使ってExcelのデータの連続投入の方法を解説します。

この章でできること

❶ Webシステム操作の基本を習得できる。

❷ 社内システムでよくあるWeb要素を操作する方法を理解できる。
  - 入力欄
  - ラジオボタン
  - チェックボックス
  - 日付記入欄
  - プルダウンメニュー
  - ボタン操作

❸ 確認画面（確認ダイアログ）を操作する方法を理解できる。

❹ Web画面上で取得された情報をExcelに転記する方法を理解できる。

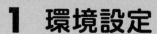

1 環境設定

本節では、Web画面の操作方法と情報の収集方法を解説します。

　Web画面は、HTML（Hypertext Markup Language）という言語で記述されています。このHTML言語は、W3C（World Wide Web Consortium）という標準化団体により規格（文字の入力欄、ボタン等の各要素のHTML言語での記述方法）が定義されています。そして、Chrome、Edge、Safari、Firefox等の各ブラウザは、HTML言語で記述された内容をブラウザが読み取り画像化し、Web画面として表示しています。

図11.1　ブラウザの役割

HTML言語で書かれた情報

ブラウザが読み取り
画像化

ブラウザ画面

　読者のみなさんがPythonを用いてWeb画面の操作をするには、このHTML言語で書かれた内容を読みとり、Pythonのプログラムの中に指定することが必要です。そのため、Web画面を操作するためには、HTML言語に関する知識が必要です。
　本書では、初心者の方にもわかりやすいように、業務で使用する頻度の高い要素についてHTML言語とPythonでの操作方法を対比しながら解説します。

(1) 環境設定

Webの操作には、Seleniumというライブラリを使用します。Seleniumは、Web画面の動作テストのために開発されたライブラリです。PythonでWeb画面の操作をするためには、HTMLの各要素（ボタン、入力欄等）に対応した記述が必要です。

また、ブラウザを操作するためには、ブラウザごとのWebDriverが必要となります。WebDriverは、Pythonで記述したSeleniumライブラリのコードの内容に従い、ブラウザを操作します。このように、Web画面を操作するには、SeleniumとWebDriverの両方が必要です。Pythonのコードで記述する部分には、Seleniumによるブラウザ操作の部分とブラウザを操作するWebDriverの設定に関する部分の両方があります。

図11.2　Web画面の操作の仕組み

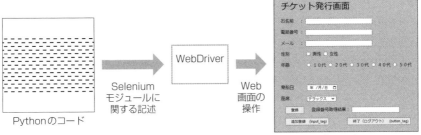

(2) ライブラリ：Selenium

それではSeleniumをインストールします。次の内容をコマンドラインで入力します。

```
py -m pip install Selenium
```

> 2022年2月にSelenium 3からSelenium 4にバージョンアップしていますので、本書以前からSeleniumを使用されている方は、プログラム実行時、古いバージョンのままだと警告メッセージを表示することがあります。

ライブラリpyautogui、pyperclipも補助的に使用します。

pyautoguiは、キーボード操作のライブラリです。

pyperclipは、クリップボードを操作するためのライブラリです（執筆時点でAnaconda
のレポジトリにはありませんのでご注意ください）。

以下のコマンドでインストールします。

```
py -m pip install pyautogui
py -m pip install pyperclip
```

 (3) WebDriver

❶WebDriverとは

Seleniumは、各ブラウザの画面上で操作しますので、ブラウザごとのドライバーを
入手します。本書ではChromeを用います。

まず、使用しているChromeのバージョンを確認します。Chromeを開き、右上の
「Google Chromeの設定」アイコンをクリックし、「ヘルプメニュー」、「Google
Chromeについて」を開くと以下の画面を表示します。

🐍 図11.3　Google Chromeの設定

※上記の画面では、バージョンが102となっています。

次に、Chrome用のWebDriverを以下から入手します（2022年6月現在）。

🐍 Chrome用のWebDriver

> https://chromedriver.chromium.org/downloads

🐍 図11.4　Chrome用のWebDriverのダウンロード画面

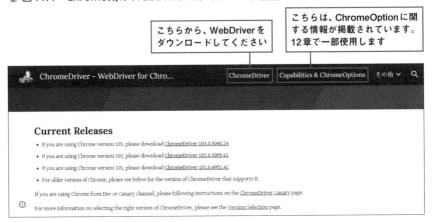

ここでは、バージョン102に対応したリンクをクリックします。

🐍 図11.5　バージョン102のWindows用ファイルをダウンロードする

Index of /102.0.5005.61/

Name	Last modified	Size	ETag
Parent Directory		-	
chromedriver_linux64.zip	2022-05-25 09:48:06	5.93MB	29452b3ec1afadc764820f8894fd81ea
chromedriver_mac64.zip	2022-05-25 09:48:09	7.89MB	17c3e75d98e7787e5715e10f845c9d09
chromedriver_mac64_m1.zip	2022-05-25 09:48:12	7.20MB	398574c4953e9bbc78fb730a28d585d1
chromedriver_win32.zip	2022-05-25 09:48:14	6.07MB	21c5d8c3dd0a59d9c71148dfbdeea380
notes.txt	2022-05-25 09:48:20	0.00MB	9c385c210138ce8af5f878d1b6e6a586

リンク先のページの中から、Windows用のファイルをダウンロードし、解凍します。
chromedriver.exeというファイルとなります。

❷ WebDriverの保存先

chromedriver.exeをpython.exeと同じフォルダに保存します。通常のインストール方法の場合、python.exeは、以下のフォルダにあります。

```
C:¥Users¥【パソコン名】¥AppData¥Local¥Programs¥Python¥Python39
```

※Pythonのバージョンによって末尾の数字は異なります。

🐍 図11.6　python.exeのインストール場所(筆者の場合)

以上で、chromedriver.exeの準備は完了です。

なお、Chromeは、頻繁にバージョンアップします。今後、WebDriverの更新作業は必要となります。Web画面の操作において、要素の認識がうまくいかず、苦労することがあります。WebDriverの更新が頻繁にあるということは、要素の認識性の向上にも貢献しているものと思われます。

後半の章で自動更新のライブラリを紹介しています。また、任意のフォルダにドライバーを配置する方法も紹介しています。

これらの方法は、Seleniumのバージョンアップに伴い、変更があったり、サードパーティライブラリであっても、Seleniumとは、ライブラリを作った方が異なったりします。

将来の設定方法の変更、他のブラウザへの対応等を踏まえ、最も基本的な方法をまずは解説します。

2　情報の整理

本節では、Web画面を用いた操作方法を解説します。

(1) 操作対象システム (サンプルシステム)

ここでは、チケット発行画面を使って、情報を取得します。

図11.7　チケット発行画面

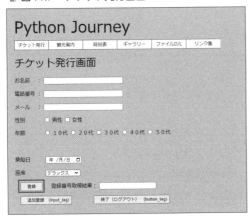

チケット発行画面の登録ボタンをクリックすると以下の画面を表示します。

図11.8　登録確認ダイアログの表示

このWebシステムは、「ticket_registration.html」というファイルを用います。

🐍 (2) 投入データ (Excel データ)

Web画面に投入する値は、以下のExcelファイルのデータを用います。

🐍 図11.9　登録情報の画面

	A	B	C	D	E	F	G	H	I
1	登録情報								
2	エクセル行数	お名前	電話番号	メール	性別	年齢	乗船日	座席	登録番号取得結果
3	Excel_Row_No	onamae	tel	mail_address	checkbox	age	boarding date	seat	registration_no
4	4	鈴木 太郎	090-0000-XXX1	test_1@example.com	man	age_10	2020/8/30	スペシャル	
5	5	山村 萌	090-0000-XXX2	test_2@example.com	woman	age_20	2020/11/30	デラックス	
6	6	石川 一郎	090-0000-XXX3	test_3@example.com	man	age_30	2020/5/3	スタンダード	
7	7	林 優花	090-0000-XXX4	test_4@example.com	woman	age_20	2020/8/30	スペシャル	
8	8	木下 次郎	090-0000-XXX5	test_5@example.com	man	age_40	2020/10/27	スペシャル	

作業ファイルは、registration_information.xlsx です。

🐍 (3) システムの操作手順

この画面での操作は以下のとおりです。Excelの情報に基づき、以下の操作をします。

①お名前、電話番号、メールに入力

②性別：チェックBOXを操作

③年齢：ラジオボタンを操作

④日付：日付を入力

⑤座席：プルダウンメニューを操作

⑥画面を下にスクロール（本演習では、画面の下にある登録ボタンを表示）

⑦登録：登録ボタンをクリック

⑧確認画面を操作

⑨登録番号取得結果が表示されるので値を取得。Excelファイルに転記

⑩追加登録ボタンをクリック

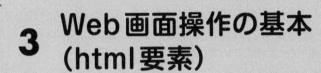

3　Web画面操作の基本（html要素）

ここでは、以下に前節の操作方法のコードを解説します。このサンプルは、PC上に保存したhtmlファイルを用いてSeleniumを用いた操作方法を練習することができるようにしています。サーバのレスポンスの影響もなく、理想的な条件でトレーニングをすることができます。

　実際のWeb画面では、複雑な要素の場合、いくつかの方法を試して、その中の1つの方法しか操作できないこともあります。このような実務での活用を考慮し、複数の方法によるアプローチ（別解）も解説しています。

　なお、サンプルファイルをダウンロードし、保存することで動作を確認できます。

(1) モジュールのインポート（Selenium関係）

チケット情報の登録.py

```
from selenium import webdriver
from selenium.webdriver.common.by import By
from selenium.webdriver.common.keys import Keys
from selenium.webdriver.support.select import Select
from selenium.webdriver.common.alert import Alert
from selenium.webdriver.common.action_chains import ActionChains
```

●from selenium import webdriver
　各ブラウザのWebDriverを操作するためのモジュールです。

●from selenium.webdriver.common.by import By
　SeleniumでWeb画面の要素を指定するための識別子を用いるためのライブラリです。

●from selenium.webdriver.common.keys import Keys
Seleniumでキーボード入力するためのライブラリです。

●from selenium.webdriver.support.select import Select
プルダウンメニューの選択のためのライブラリです。他のライブラリよりも、できたのが新しいライブラリです。参考文献によっては、このライブラリのできる前にプルダウンメニューの操作方法を解説しているものがあります。このライブラリがあることで簡単に操作することができるようになりました。

●from selenium.webdriver.common.alert import Alert
モーダルウインドウ（確認ダイアログBOXと呼ぶこともあります）を操作するためのライブラリです。

●from selenium.webdriver.common.action_chains import ActionChains
Web上のマウス操作等に用いるライブラリです。情報を取得する際に、要素を指定して、属性情報を取得できないケースがあります。そのようなときにダブルクリックして値を取得するために用いています。

🐍 (2) モジュールのインポート（Selenium以外）

🐍 コード

```
import time

import pyautogui
import pyperclip
import os

import win32com.client as com
```

●import time
Web画面の表示の待ち時間を指定するのに用いるライブラリです。

●import pyautogui

キーボード操作、マウス操作をプログラム的に行うためのライブラリです。

●import pyperclip

クリップボード操作のためのライブラリです。執筆時点でAnacondaのレポジトリにはあませんので、インポート方法にはご注意ください。

●import os

ファイルを操作するためのライブラリです。

●import win32com.client as com

Excelを操作するためのライブラリです。

[🐍 (3) Excelとブラウザ操作のタイミングについて]

Excelの値をWeb画面に連続投入する際は、多くの場合、以下のような流れとなり、Excelの操作とChromeの操作が繰り返されます。このため、プログラムも複雑になりますので、対象業務の流れを整理しておく必要があります。

実際の業務を想定し、Excelの操作とWebの画面の操作を組み合わせて解説します。また、Webの要素の操作においても、実業務を踏まえて、変数を用いて入力、操作する方法を解説します。

🐍 図11.10 実際の業務を想定した作業フローの例 (色枠がブラウザの操作)

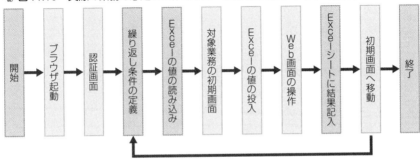

今回も上記のフローに基づいて操作を進めます。

11

Webの操作と情報収集

🐍 (4) ブラウザの起動、およびWeb画面の表示

```
# Chromeを起動する
driver = webdriver.Chrome()
```

SeleniumでChromeのブラウザを起動します。

```
html_sample_file_path = folder_path + os.sep + "ticket_
registration.html"
print(html_sample_file_path)

url = "file:///" + html_sample_file_path

print(url)

"""
# 上記のURLはこのような内容になっています。(例)
driver.get(
    "file:///C:¥¥Users¥¥【PCの名前】¥¥Desktop¥¥ticket_registration.
html"
)
"""

# URLを開く
driver.get(url)
time.sleep(5)
```

SeleniumでWebのページを開くときは、driver.get(url)のように指定します。
Python公式ホームページの場合は、以下のように指定します。

🐍 コード

```
url = " https://www.python.org/"
driver.get(url)
```

PC上に保存されたhtmlファイルを操作するときは、以下のようにファイルパスの前に「file:///」を付けて指定します。

🐍 コード

```
url = "file:///C:¥¥Users¥【PCの名前】¥¥Desktop¥¥ ticket_registration.
html"
```

演習問題でプログラム基準のフォルダパスを使って指定しているのは、パソコンが異なってもサンプルプログラムが動作するようにするためです。

time.sleep(5)は、ブラウザのレスポンス時間を見込んでいます。

業務に使うシステム、Web画面の操作においては、十分なレスポンス時間を設定することが安定稼働にとって重要です。

🐍 (5) Excelデータの取得

❶ファイルを開く

```
# プログラムファイルのディレクトリパス (folder_path) の取得
folder_path = os.path.dirname(__file__)

print("プログラムファイルのディレクトリパス:", folder_path)

# エクセルファイルのパス
excel_file_path = folder_path + os.sep + "registration_
information.xlsx"

print("エクセルファイルのパス:", excel_file_path)
```

サンプルプログラム基準のエクセルファイルパスを定義しています。

```
app = com.Dispatch("Excel.Application")
app.Visible = True
app.DisplayAlerts = False

wb = app.Workbooks.Open(excel_file_path)
sheet = wb.Worksheets("Sheet1")
```

プログラム基準のファイルパスを定義し、Excelファイルを開いています。

❷ Excelシートからの値の取得

```
# 変数定義
# ex_r_no：エクセルの行番号 (excel row no.)

for ex_r_no in range(4, 5):

    # エクセルファイルから値の読み込み
    onamae = sheet.Cells(ex_r_no, 2).value

    tel = sheet.Cells(ex_r_no, 3).value

    mail_address = sheet.Cells(ex_r_no, 4).value

    checkbox = sheet.Cells(ex_r_no, 5).value

    age = sheet.Cells(ex_r_no, 6).value

    date = sheet.Cells(ex_r_no, 7).value

    seat = sheet.Cells(ex_r_no, 8).value

    print(ex_r_no, onamae, tel, mail_address, checkbox, age, date,
seat)
```

(6) Web要素の指定方法

Webの要素を指定するためのメソッドは以下のとおりです。

🐍 表1　Seleniumで要素を検索し指定するためのメソッド

Seleniumで要素を検索し指定するためのメソッド
driver.findElement(By.CLASS_NAME,"className")
driver.findElement(By.CSS_SELECTOR,"className")
driver.findElement(By.ID,"elementId")
driver.findElement(By.LINK_TEXT,"linkText")
driver.findElement(By.NAME,"elementName")
driver.findElement(By.PARTIAL_LINK_TEXT,"partialText")
driver.findElement(By.TAG_NAME,"elementTagName")
driver.findElement(By.XPATH,"xPath")

🐍 表2　Seleniumで複数の要素を検索し、取得するためのメソッド

Seleniumで複数の要素を検索し、取得するためのメソッド
driver.findElements(By.CLASS_NAME,"className")
driver.findElements(By.CSS_SELECTOR,"className")
driver.findElements(By.ID,"elementId")
driver.findElements(By.LINK_TEXT,"linkText")
driver.findElements(By.NAME,"elementName")
driver.findElements(By.PARTIAL_LINK_TEXT,"partialText")
driver.findElements(By.TAG_NAME,"elementTagName")
driver.findElements(By.XPATH,"xPath")

　Webの要素の指定する方法には、1つだけ指定する方法と、複数の要素を指定する方法があります。
　複数の要素を指定する場合とは、1つの画面に同じような要素が複数ある場合があります。そのような場合、複数要素にインデックスを付けて指定することができます。ま

Webの要素のことをelementと呼びます。この要素（element）の指定方法にはいくつかの方法があります。概要を以下に解説します。

🐍表3　各要素（element）の指定について

要素	指定の考え方
ID	1つの画面に同じIDは1つまでと決まっており、要素を特定することができます。ただし、どの要素にも必ずあるわけではありません。IDがある場合は、IDで指定すると確実に指定できます。
NAME	例えば、Web上のアンケートでチェックBOXやラジオボタンがあるとき、これらの要素にはNAMEやVBLUEの値が指定されており、送信ボタンを押すと相手側サーバーにその内容が送信されます。相手側サーバではその情報を用いて処理を行います。このように相手側サーバでも使用し、変更されることが少ないので、要素の指定に用いられることが多くあります。
XPATH	各要素のWeb画面上での位置を特定するためのものです。最近のWeb画面は、DOM構造といい、積み木のように組み合わせてコンテンツを表示しています。Web画面の操作を同じように繰り返していても、XPATHの値も変化し、エラーや誤動作の原因となる場合がありますので注意が必要です。業務用のシステムの場合、条件によって毎回コンテンツの組み合わせが変わるような画面の作り込みでなければ、XPATHで指定しても運用できる場合もあります。どうしても要素の指定ができないような場合等にも使われます。
CSS_SELECTOR	Webの画面のデザインのため、画面上の要素を特定するために用いられるもの。
className	Web画面上の見栄えの統一感を持たせるために、Classを定義し、Classを指定し、見栄えを整えることがあります。このClassを用いて要素を指定するのに使用します。
linkText	文字列にリンクある場合、ボタン等の操作に使用する場合があります。
partialText	リンクの中に部分的に指定の文字列を含む場合を特定します。

❶お名前の入力

🐍お名前の入力欄を表すHTML言語の表記

```
<label for="name">お名前　　：</label>
<input type="text" name="onamae" size="30" id="onamae">
```

🐍 お名前の入力欄を表すPythonの表記

```
# Web画面への入力
# 名前の入力
driver.find_element(By.ID, "onamae").click()
#driver.find_element(By.TAG_NAME,"input").click() #【別解】：最初の
input要素
#driver.find_elements(By.TAG_NAME,"input")[0].click() #【別解】：
input要素の複数の内、1番目
driver.find_element(By.ID, "onamae").send_keys(onamae)
```

　ここでは、人がWeb画面を操作するように、入力欄をクリックし、値を入力する2段階で値を入力しています。このお名前の入力欄を指定するためには、3つの方法を示しています。

（a）この要素には、IDがあるので、IDを持ちいて指定。
（b）inputタグ　＜input＞の1つ目なので、
　　　find_elemen(By.TAG_NAME,"input")で指定
（c）inputタグ　＜input＞の1つ目なので、
　　　find_elements(By.TAG_NAME,"input")[0]で指定。複数タイプの1番目send_keys(onamae)メソッドに変数を設定し、値を入力しています。

❷電話番号、メールアドレスの入力

🐍 電話番号の入力欄を表すHTML言語の表記

```
<label for="tel">電話番号　:</label>
<input type="text" name="tel" size="30" id="tel">
```

🐍 電話番号の入力欄を表すPython言語の表記

```
# 電話番号の入力
driver.find_element(By.ID, "tel").click()
#driver.find_elements(By.TAG_NAME,"input")[1].click()# 【別解】：
input要素の複数の内、2番目
driver.find_element(By.ID, "onamae").send_keys(Keys.TAB)#【別
解】：1つ前の要素からTABで移動し指定
driver.find_element(By.ID, "tel").send_keys(tel)
```

　先ほどの方法に加え、.send_keys(Keys.TAB)により、1つ目の要素からTABキーで要素を移動し、指定しています。実際にWeb画面に入力するときにもTABキーで操作する場合もありますので、send_keysメソッドでTABキーを再現し、使用しています。

　実際のWeb画面の操作においても、指定のしにくい要素というものありますので、確実に指定のできる要素からTABキーを繰り返して移動し、操作をするという場合もあります。この方法の場合、Web画面の改造がされるとそのまま操作対象がずれてしまうことがありますので注意が必要です。

❸メールアドレスの入力

🐍 メールアドレスの入力欄を表すHTML言語の表記

```
<label for="meado">メール　　：</label>
<input type="text" name="meado" size="30" id="mail_address">
```

🐍 メールアドレスの入力欄を表すPython言語の表記

```
    # メールアドレスの入力
    #driver.find_element(By.ID, "mail_address").click()
    #driver.find_element(By.CSS_SELECTOR, "#mail_address").click()
# OK【別解】: CSS_SELECTOR
    driver.find_element(By.XPATH, "//*[@id='mail_address']").
click()  # OK【別解】: XPATH
    driver.find_element(By.ID, "mail_address").send_keys(mail_
address)
```

　ここでは、CSS_SELECTOR、XPATHで指定しています。各要素のCSS_SELECTOR、XPATHの確認方法を解説します (インターネット上に詳しい情報がありありますので、わからない場合は、そちらをご参考ください)。

CSS_SELECTOR、XPathの確認方法

XPathに着目した要素の指定方法を解説します。XPathというのは、Webの画面上の各要素を特定するためのルールのようなものです。Chromeの右上の「：」「縦三点リーダー」をクリック、その他のツール、デベロッパーツール画面を開き、「Select an element in the page to inspect it」ボタンをクリックし、左側のWebページ上で、要素を求めたい場所をクリックすると要素が青色になります。そのとき、左側の要素が青色のままの状態をキープしながら、右側のHtml部分も青色になるようにします。そしてその状態で、右クリックします。すると、以下のメニューを表示しますので、コピー、Copy XPathを選択します。そうすることで、クリップボードにXPathの値を取得します。

🐢図11.11　デベロッパーツール画面のメニュー

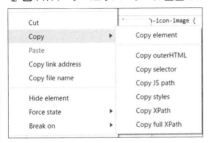

このXPathの値を、引数に指定します。なお、XPathの取得方法につきましては、インターネット上に多くの情報がありますので、そちらを参考にすることも可能です。Web画面における通し番号のようなもので、各要素を一義的に指定することができます。デベロッパーツールの操作方法に慣れると、Html構造の分析を自分でしなくてもよいので、要素の指定がしやすいというメリットがあります。一方で、XParhを使うことにはデメリットもあります。それは、繰り返し操作をしているとき、同じ画面を操作しているように見えて、実は、XPathの値が違う場合があるからです。

最近のWeb画面は、1つのhtmlファイル（テキスト情報）だけで形成されるのではなく、DOM構造といい、いろいろな構造を組み合わせて作られています。そういう中で、画面を構成する内容が変化することで、XPathは通し番号的な側面もあり、見た目が同じでも、XPathが変化していることがあるからです。このため、XPathに着目するには最後の手段という人もいます。

筆者の考えとしては、本書が主に扱う業務システムでは、画面の改造を除けば、操作ボタンのXPathの変更はまれだと考え、また、操作性・認識性の観点で、IDの次の優先順位

として、着目点として推奨します。何パターンがデータをテストし、XPathが変化しないことを確認してください。データによって、微妙に画面が変化している場合は、避けた方がよい可能性もあります。

❹チェックBOXの選択方法
🐍 性別の入力欄を表すHTML言語の表記

```
性別
<input type="checkbox" name="gender" value="man" id="man">
<label for="c1">男性</label>
<input type="checkbox" name="gender" value="woman" id="woman">
<label for="c2">女性</label>
```

🐍 チェックBOXの処理Python言語の表記

```
# チェックBOXの入力　チェックBOXのそれぞれのIDを入力
driver.find_element(By.ID, checkbox).click()


#driver.find_elements(By.NAME,"gender")[0].click() #男性をクリック
#driver.find_elements(By.NAME,"gender")[1].click() #女性をクリック
```

Excelシート側で、男性は"man"、女性は、"woman"を変数checkboxの値として取得し、IDの値に入力して操作しています。

find_elements(By.NAME,"gender")として複数の要素を取得し、インデックスで指定することで、チェックBOXの操作をすることもできます。Excelから取得した値を、インデックス番号に変換する必要があります。次の要素で解説します。

❺ラジオボタンの選択方法
🐍 年齢の入力欄を表すHTML言語の表記

```
年齢
<INPUT name="age" id="age_10" type="radio" value="y10"> <LABEL
for="v1">１０代</LABEL>
<INPUT name="age" id="age_20" type="radio" value="y20"> <LABEL
for="v2">２０代</LABEL>
<INPUT name="age" id="age_30" type="radio" value="y30"> <LABEL
```

```
for="v3">３０代</LABEL>
<INPUT name="age" id="age_40" type="radio" value="y40"> <LABEL
for="v4">４０代</LABEL>
<INPUT name="age" id="age_50" type="radio" value="y50"> <LABEL
for="v5">５０代</LABEL>
```

🐍 年齢の選択の処理Python言語の表記

```
# 年齢の選択　ラジオボタンのそれぞれのIDを入力


age_dicionay = {"age_10":"0", "age_20":"1", "age_30":"2",
"age_40":"3", "age_50":"4", }
print(age_dicionay["age_10"])
print(age_dicionay[age])


age_str = age_dicionay[age]
age_int = int(age_str)


#driver.find_element(By.ID, age).click()
#driver.find_elements(By.NAME,"age")[3].click()
driver.find_elements(By.NAME,"age")[age_int].click()
```

アンケート等の回答結果に基づいて、Web画面を操作するとき、回答の選択肢をインデックス番号に置き換える必要があります。

ここでは、まず、以下の様に辞書を設定します。

```
age_dicionay = {"age_10":"0", "age_20":"1", "age_30":"2",
"age_40":"3", "age_50":"4", }
```

辞書は、以下のようにすることで、対応した値を取り出すことができます。

```
age_dicionay["age_10"]
```

また、変数を使って取り出すこともできます。エクセルからは、変数：ageで値を取得していますので、以下のようにして、ラジオボタンのインデックス番号を取り出して置き換えています。

```
age_dicionay[age]
```

ただし、辞書には、文字列で登録されていますので、以下の様に数値に変数型を変換しています。

```
age_str = age_dicionay[age]
age_int = int(age_str)
```

そして、インデックス番号を使ってラジオボタンを指定し、クリックして入力しています。

```
driver.find_elements(By.NAME,"age")[age_int].click()
```

❻日付の入力

🐍 日付の入力欄を表すHTML言語の表記

```
<p>乗船日      <input type="date" name="boarding_date"></p>
```

🐍 Pythonコード

```
# エクセルの日付のWeb画面のinput要素 (type="date") への入力文字列への変換
print(date)
date_1 = date.strftime("%Y%m%d")
print(date_1)
input_date = "00" + date_1
print(input_date)
```

ここでは、Excelの日付表記YYYY/MM/DDをYYYYMMDDに変換しています。そしてさらに、その前に0を2つつけています。要するに、日付入力用の値として、00YYYYMMDDというものを作っています。

🐍 Pythonコード

```
# カレンダーに入力  input要素 (type="date") # input要素 (type="date") は
難しいので時間を確保
time.sleep(1)
driver.find_element(By.XPATH, "/html/body/form/p[6]/input").
send_keys(input_date)
```

> Chromeの日付入力欄には、先頭にダミーの2文字が必要です。この理由は、W3Cを調べましたがわかりませんでした。
>
> また、ISO8601：日付と時刻の表記に関するISOの国際規格を確認しましたが、0000年〜9999年の範囲外は、明確に表記方法を定義されていないように思います。このため、Chromeの仕様として、紀元前や10000年以降に対応できるように桁数を用意しているのではないかと思います。

当初、上記の方法がわからず、下記①、②のように試行錯誤しました（Selenium 3のときの試行錯誤のコードを掲載しています）。

①はhtmlファイルの1番最初の要素（目に見えない）からTABキーで移動し、値を入力しています。

🐍Pythonコード①

```
#以下はOK　モデルケースを作り確認
driver.find_element_by_tag_name("HTML").click()
driver.find_element_by_tag_name("HTML").send_keys(Keys.TAB)
driver.find_element_by_xpath("/html/body/input").send_keys("2021")
driver.find_element_by_tag_name("HTML").send_keys(Keys.TAB)
driver.find_element_by_xpath("/html/body/input").send_keys("09")
driver.find_element_by_xpath("/html/body/input").send_keys("29")
```

下記のように、00 YYYYMMDDのようにして入力すると年月日をずれることなく入力することができました。00 YYYY-MM-DDのようにハイフンを含んでいても正しく入力できました。

🐍Pythonコード②

```
driver.find_element_by_xpath("/html/body/input").send_keys("0020210520")
driver.find_element_by_xpath("/html/body/input").send_keys("002021-06-22")
```

　一方、別要素からTABキーで日付入力欄まで移動し、send_keysメソッドで値を入力することができます。通常の方法で入力できない場合の参考としてください。

❼プルダウンメニュー

🖨 プルダウンメニューを表すHTML言語の表記

```
<p>座席
<select name="seat">
<option>デラックス</option>
<option>スペシャル</option>
<option>スタンダード</option>
</select>
</p>
```

🖨 プルダウンメニューを表すPython言語の表記

```
# プルダウンメニュー
dropdown = driver.find_element(By.NAME, value="seat")
select = Select(dropdown)
select.select_by_visible_text(seat)
```

別解❶

以下のように選択することも可能です。

🖨 コード

```
select.select_by_index(0)・・・・数字による指定が必要
```

別解❷

以下のように選択することも可能です。

🖨 コード

```
select.select_by_value(seat)
```

4 高度な操作(JavaScriptを 考慮した操作等)

業務用システムでは、JavaScriptを取り入れているケースがあります。JavaScript とは、Webの画面上で動作するための仕組みです。JavaScriptの操作等を解説 します。

業務用のシステム等では、html要素の操作方法を知っているだけでは対応できない ケースがあります。自動化のプロセスの中で、1つでも操作できないプロセスがあると、 そこで手作業を入れないといけません。

また、Seleniumの自動処理では、JavaScriptによる動作をPythonを使った SeleniumのコマンドでWeb画面上で再現する手法があります。

以下の画面スクロールはその仕組みを活用しています。

🐍 (1) 画面のスクロール

🐍 Pythonのコード

```python
# 画面をスクロールして『登録ボタン』を表示
driver.execute_script("window.scrollTo(0,1000);")
time.sleep(2)
```

Seleniumでブラウザを起動して操作する場合、Chromeの場合、画面上に見えてい る範囲しか操作することができません。このため、登録ボタンを表示させるため、下に スクロールしています。

🐍 Pythonのコード

```python
driver.execute_script("window.scrollTo(0,1000);")
```

これまでのSeleniumのコマンドは、HTML言語の要素に対して操作するものでし た。このコマンドは、JavaScriptという言語にもとづいて動作します。JavaScriptと いうのは、Webの画面上で動作させるための言語で、Webを見ている方が画面上で操

作することで画面上の動作ができるようにするためのものです。

　ここでは、driver.execute_script()というメソッドに、画面をスクロールさせるというコマンドを設定しています。つまり、Seleniumを使って、JavaScriptという言語に基づく動作をWeb画面に対して行っています。

　使い方を覚えておくと、どうしても操作できない要素を動かすときにも使えます。例えば、1つ前のカレンダーへの入力の際、頭にダミーの数字を入れることがわかるまでは、このコマンドで値を設定していました。また、次のボタン操作にも使用しています。

参考：日付の入力をJavaScriptのコマンドで実行

　日付の入力をJavaScriptのコマンドで実行することもできます。

🐍 **Pythonのコード**

```
#別解
driver.execute_script('document.getElementsByName("s")[0].
value="2021-06-25";')
```

　上記のコードは、指定した要素に対して、JavaScriptの操作を実行するという方法になります。この場合、要素の指定方法は以下のように設定します。

　実際にすることは、先ほどのデベロッパーツールにおけるSelect an element in the page to inspect itでの操作で、「Copy JS Path」を選択し、クリップボードに入った値を、driver.execute_scriptメソッドの引数に設定します。

🐍 (2) 登録ボタンのクリック

🐍 **プルダウンメニューを表すHTML言語の表記**

```
<p> <input type="button" value=" 登録 " onClick="EVENT3()">
<label for="registration_no">登録番号取得結果：</label>
<input type="text" name="registration_no" size="20"
id="registration_no">
</p>
```

🐍 Pythonのコード

```
# 登録ボタンをクリック
driver.find_elements(By.TAG_NAME,"input")[11].click() # 登録ボタン

# driver.execute_script("EVENT3()")  # 【別解】：ボタンに設定された
Javascriptを操作

#driver.find_element(By.XPATH, "/html/body/form/p[8]/input").
click() 【別解】：XPathに着目

time.sleep(2)
```

　ここでは、ボタンをクリックし、登録をしています。htmlではボタンには2種類あり、このボタンは、＜input＞タグのボタンであり、その下に、＜button＞タグのボタンを用意しています。このボタンの操作に、＜input＞タグの12番目であることや、XPathに着目して操作しています。さらにもう1つは、先ほどのJavaScriptに着目して操作しています。このボタンを押すと、登録IDを発行します。その発行動作をJavaScriptで記述し、イベント3（EVENT3）として定義されています。つまり、このボタンを押すと、JavaScriptの動作としてイベント3（EVENT3）を実行するように関連づけています。

🐍 ボタンに設定されている内容のHTML言語（JavaScript）の表記

```
<input type="button" value=" 登録 " onClick="EVENT3()">
```

🐍 イベント3（EVENT3）の内容（JavaScript）

```
function EVENT3(){
    if ( confirm ("この登録内容でいいですか。ＯＫ（登録）.キャンセル（戻る）") )
{ document.getElementById("registration_no").value= now2 }
    else { window.close() }
}
```

　そこで、Seleniumのコマンドとしては、このボタンのクリックや操作とは関係なく、ダイレクトにイベント3（EVENT3）を実行するように先ほどのJavaScriptを操作するためのコマンドを記述しました。function EVENT3()以下の動作の内容が記述されています。

🐍 コード

```
driver.execute_script("EVENT3()")
```

イベント3の内容は、JavaScriptの「confirmメソッド」ですので、確認ボタン付きのダイアログボックスを表示します。

[🐍 (3) 確認画面（ダイアログボックス）の操作]

🐍 ダイアログボックス (confirm) を表示するための表記（JavaScript）

```
function EVENT3(){
    if ( confirm ("この登録内容でいいですか。OK(登録).キャンセル(戻る)") ) {
document.getElementById("registration_no").value= now2 }
    else { window.close() }
}
```

先ほどのJavaScriptの内容を見ると、2行目にconfirmという部分があります。この部分で確認ダイアログを表示します。

🐍 Pythonのコード

```
    Alert(driver).accept()
```

confirmの画面上の「OK」をクリックするためのメソッドは以下のようになります。このダイアログボックスは、HTML言語ではなく、JavaScriptですので、要素を定義して操作するメソッドではなく、専用のメソッドで操作します。

このようなダイアログボックスには、4タイプあります。1～3は、JavaScriptのメソッドとして定義されており、標準的なパーツといて使われています。

表4　4タイプの確認画面（ダイアログボックス）

	各メソッド	機能
1	alert	警告用（OKボタン）
2	confirm	確認用（OKボタン、キャンセルボタンの選択）
3	prompt	文字、値の入力
4	個別カスタマイズ	個々に設計

コード

```
#OKのとき
Alert(driver).accept()
#キャンセルのとき
Alert(driver).dismiss()
```

ウインドウ変更ができていない場合、こちらが役に立つ場合があります。

コード

```
driver.switch_to.alert.accept()
driver.switch_to.alert.dismiss()

prompt画面
prompt_dialog = Alert(driver)
prompt_dialog.send_keys("入力テキスト")
prompt_dialog.accept()
```

　一方、4番目の個別にシステム設計者がデザインした画面の場合は、個別に検討する必要があります。

　上記について後ほど、詳しく解説します。

🐍（4）Web画面上の値の取得

値の取得には、要素（element）を指定し、その属性情報を取得するのが基本です。以下はその方法で値を取得しています。

🐍取得すべき値（登録番号取得結果：）のHTML言語の表記

```
<label for="registration_no">登録番号取得結果：</label>
<input type="text" name="registration_no" size="20"
id="registration_no">
```

🐍操作方法1　属性情報を取得する方法

```
# 値の取得
#element = driver.find_elements(By.TAG_NAME, "input")[12]
#registration_no = element.get_attribute("value")
#print(registration_no)


time.sleep(2)
```

しかしながら、実際の業務において、この方法でWeb上の要素を指定し、属性情報を取得しようとしても、値を取得できないケースはよくあります。そのような場合には、以下の方法（別解）で取得できる場合があります。

要素を指定し、キーボード操作のCtrl＋aで要素全体を選択し、Ctrl＋cでクリップボードに入れ、クリップボードの値を変数に入れています。

🐍操作方法2（別解）

```
# 値の取得 別解　クリック→Cl＋a→Cl＋c
#driver.find_elements(By.TAG_NAME, "input")[12].click()
#webdriver.ActionChains(driver).key_down(Keys.CONTROL).send_
keys("a").send_keys("c").perform()
#registration_no = pyperclip.paste()
#print(registration_no)
```

🐍 操作方法3（別解）

```
# 値の取得 別解 （ダブルクリックから　クリック→Cl＋a→Cl＋c）
element = driver.find_elements(By.TAG_NAME, "input")[12]
actionChains = ActionChains(driver)
actionChains.double_click(element).perform()

webdriver.ActionChains(driver).key_down(Keys.CONTROL).send_
keys("a").send_keys("c").perform()
registration_no = pyperclip.paste()
print(registration_no)
```

　以下はダブルクリックし、文字がハイライトされて選択させ、Ctrl＋cでクリップボードに入れようとしています。しかしながら、今回のケースでは、取得すべき値に、スペースを含むとそこで選択範囲が切れてしまい、うまく値を取得できませんでした。参考までに掲載します。

参考

🐍 操作方法4（別解）

```
# 値の取得 別解 今回は動かない （ダブルクリックでうまくいく場合もある）画面
が裏（最前面ではない）のため
#element = driver.find_elements(By.TAG_NAME, "input")[12]
#actionChains = ActionChains(driver)
#actionChains.double_click(element).perform()
#pyautogui.hotkey('ctrl','c')
#registration_no = pyperclip.paste()
#print(registration_no)

time.sleep(1)
```

　上記のダブルクリックは、Seleniumのメソッドの1つであるキーボード操作による方法で対象の値をハイライトさせようとしました。

　Seleniumのメソッドでハイライトさせる方法以外に、キーボード操作のライブラリでダブルクリックさせ、さらに、Ctrl＋cを組み合わせる方法もあります。

🐍 例：

```python
import pyautogui
import pyperclip


element = driver.find_element(By.XPATH, "********")
#ダブルクリック
actions = ActionChains(driver)
actions.double_click(element).perform()

pyautogui.hotkey('ctrl','a')
pyautogui.hotkey('ctrl','c')
time.sleep(1)

value = pyperclip.paste()
```

Python公式資料

🐍 autogui 0.1.8

https://pypi.org/project/autogui/

🐍 pyperclip3 0.4.1

https://pypi.org/project/pyperclip3/

🐍 CheatSheet (PyAutoGUIマニュアル)

https://pyautogui.readthedocs.io/en/latest/quickstart.html

🐍 (5) Excelシートへの取得した値の転記

🐍 コード

```python
#registration_no = pyperclip.paste()
#print(registration_no)
```

```
cwd = os.getcwd()
print(cwd)

# エクセルファイルの再指定　※安定動作のため
wb = app.Workbooks.Open(excel_file_path)
sheet = wb.Worksheets("Sheet1")

sheet.Cells(ex_r_no, 9).value = registration_no

# 追加登録ボタン
driver.find_elements(By.TAG_NAME, "input")[13].click()

time.sleep(3)
```

(6) inputタグのボタンとbuttonタグのボタン

画面の下の方に、追加登録ボタンと終了用のボタンを用意しています。登録ボタンは、<input>タグであるのに対し、終了用のボタンは、<button>タグのボタンです。

追加登録ボタンのHTML言語の表記

```
<input type="button" onclick="location.href='ticket_registration.
html' "value=" 追加登録 (input_tag)">
```

終了ボタンのHTML言語の表記

```
<button type="button"onclick="location.href='login.html'"> 終了（ロ
グアウト） (button_tag)</button>
```

終了ボタンのPython言語の表記

```
# 終了用のボタンをクリック
driver.find_element(By.TAG_NAME, "button").click()
```

実際のWeb画面の操作において、見た目がボタンであっても、その要素の動作を確認しておかないと操作方法は異なりますのでご注意ください。

5　補足事項

これまでサンプル事例の要素の操作方法を説明しました。実際のWeb画面の操作を踏まえ、補足します。

(1) 送信ボタンについて

さらに、ボタンの操作には、送信を目的とする場合があります。その場合は、送信操作が必要ですので、clickメソッドではなく、submitメソッドを選択する必要があります。

Pythonコード

```
# 送信用のボタンをクリック
driver.find_element(By.TAG_NAME, "button").submit()
```

(2) 明示的待機と暗示的待機

今回のプログラムでは、Web画面の遷移の待ち時間を固定時間で設定しています。このような待ち時間の設定方法を暗示的待機といいます。一方、プログラム的に要素が表示されたかどうか判断する方法もあります（明示的待機）。

以下は指定した要素（この場合は、IDで指定）が表示されるまで、10秒まで待機することを明示したプログラムになります。実際の業務対象のWeb画面においては、画面認識がうまくできない場合もありますので、Seleniumの操作に慣れるまでは、十分余裕のある時間（10〜60秒程度）を固定した時間で設定（暗示的待機）するとよいと思います。

コード

```
from selenium.webdriver.common.by import By
from selenium.webdriver.support.ui import WebDriverWait
from selenium.webdriver.support import expected_conditions as EC
```

```
WebDriverWait(driver, 10).until(EC.visibility_of_element_
located((By.ID, "ID")))
```

🐍 (3) エラーへの対応

Seleniumで画面を操作する中で、例外を表示することがあります。最も多いのが、NoSuchElementExceptionです。

以下のように例外に対する処理を定義し、プログラムの停止を回避することができます。Seleniumの例外は、Pythonの例外ではないので、Seleniumから例外に対応するモジュールをインポートする必要があります。

Seleniumの例外は、以下に記載されています。

🐍 Selenium Documentation

https://www.selenium.dev/selenium/docs/api/py/api.html

🐍 コード

```
from selenium.common.exceptions import NoSuchElementException

    try:
        driver.find_element(By.TAG_NAME, "h1").click()
    except NoSuchElementException:
        pass
```

なお、プログラムの流れの中で、要素の値を取得するような場合で、下記のような複数要素を指定する場合、空リストが返るので例外とはなりません。

🐍 コード

```
find_elements(By.TAG, "h1")
```

待機時間について

コラム

Web画面の操作における安定稼働には多くの方が苦労している点です。著者は、RPAも運用し、原因を分析、対策をしました。その内半分以上が、RPAの動作がシステムの画面遷移に対して先行するというもの（いわゆるRPAの先走り）というものでした。著者の業務実施当時、および、著者の対象業務において、有償のRPAツールでも明示的待機の設定によって画面遷移を確実に把握する（複数台のRPAマシンを運用する中で数週間、1度も画面遷移の判断ミスをしない）ことは困難でした。

このような状況の中、RPAのメーカ、代理店、20数社の担当者に確認した中、1社だけ、「うちのRPAは停止しない」という外資系のRPAベンダーがありました。いろいろ聞いたところ、「どうしても落ちやすいところは、暗示的待機を1分〜3分に設定する」とのことでした。

「通信環境や、システムのデータのバックアップ、サーバのメンテナンス等を考慮すると、まれにレスポンスが悪化するタイミングがあり、そこで停止してしまうので、そこに合わせて待機時間を設定するのがよい」とのアドバイスがありました。

このように、Pythonを用いたWeb画面の操作においても、十分長めの待機時間を設定するとよいと思います。また、システムのメンテナンス（データバックアップ、同期等）により、レスポンスが極度に低下する時間がわかっている場合は、自動処理のパターンの項で説明した、タイマーのプログラムを活用するのもよいと思います。

🐍 (4) ダイアログ画面

　前項で、確認画面の操作をしました。ここで、alert画面、confirm画面、prompt画面、複数の項目のモーダル画面の操作方法を詳しく解説します。

❶alert画面

　alert画面は、以下のようなボタン押すと、「OK」かどうかを聞いてくるボタンです。

🐍図11.12　Alert画面の最初の図

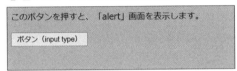

🐍図11.13　Alert画面の後の図

　プログラムの重要な部分のみを掲載して解説します。

🐍alartの操作.py

```
from selenium.webdriver.common.alert import Alert

(中略)

driver.find_element(By.CSS_SELECTOR, "body > form >
input[type=button]").click()

time.sleep(3)
Alert(driver).accept()
```

　Alertモジュールのインポートが必要です。「from selenium.webdriver.common.
alert import Alert」の部分です。

　プログラムとしては、ボタンをクリックし、Alert画面を表示したらAlert(driver).
accept()でOKを押しています。

　サンプルファイルは、alert.htmlです。

❷ confirm画面

　confirm画面は、以下のようなボタン押すと、「OK」か、「キャンセル」かどうかを聞い
てくるボタンです。

📔 図11.14　confirmの初めの画面

📔 図11.15　confirmの後の画面

プログラムの重要な部分のみ掲載し解説します。

📔 confirmの操作.py

```
from selenium.webdriver.common.alert import Alert

（中略）

driver.find_element(By.CSS_SELECTOR, "body > form >
input[type=button]").click()

time.sleep(3)

#OKのとき
```

```
#Alert(driver).accept()

#キャンセルのとき
Alert(driver).dismiss()
```

　こちらも、Alertモジュールのインポートが必要です。ボタンをクリックし、confirm画面を表示したら、OKのときは、Alert(driver).accept()でOKを押しています。キャンセルのときは、Alert(driver).dismiss()でキャンセルします。

　サンプルファイルは、confirm.htmlです。

❸ prompt画面

　prompt画面は、以下のようなボタン押すと入力欄を表示するので、必要な情報を入力して「OK」を押すか、あるいは「キャンセル」を押します。

🐍 図11.16　promptの最初の画面

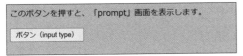

🐍 図11.17　promptの後の画面

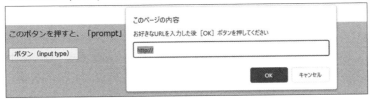

　プログラムの重要な部分のみ掲載し解説します。

🐍 promptの操作_new_window.py

```
from selenium.webdriver.common.alert import Alert

(中略)

driver.find_element(By.CSS_SELECTOR, "body > form >
```

```
input[type=button]").click()

time.sleep(3)
new_window_obj = driver.switch_to.alert

time.sleep(3)
new_window_obj.send_keys("https://www.python.org/")

time.sleep(5)
new_window_obj.accept()
```

　こちらも、Alertモジュールのインポートが必要です。ボタンをクリックし、prompt画面を表示したら、driver.switch_to.alertで画面を切り替えています。上記のプログラムでは、新しい画面のオブジェクトに、new_window_objという名前をついています。そして、新しい画面のオブジェクト (new_window_obj) に対し、この場合、URLの入力が必要なため、send_keys() メソッドで、URLを入力しています。

　サンプルファイルは、prompt.htmlです。

　これらのサンプルは『詳解 HTML&CSS&JavaScript 辞典 第7版』(秀和システム、大藤幹／半場方人)を参考に作成しました。

❹複数入力モーダル画面

　まれに複数の項目の入力するモーダル画面 (ダイアログ画面) が使われていることがあります。この画面の操作ができず、そこで操作がストップしてしまうと、自動処理の中に手作業をいれなくてはいけなくなります。先ほどまでの3つは、Webの要素 (JavaScript) として、最初から用意されているパーツなので、基本的には、これまでの説明で対応できると思います。複数項目の入力画面は、個別に設計、開発されているので、個々に対応する必要があります。以下は1例ですが、参考事例としてご紹介します。

🐍図11.18　最初の画面

```
このボタンを押すと、複数項目の入力欄が表示されます。
Open (button type)
```

図11.19　複数入力モーダル画面

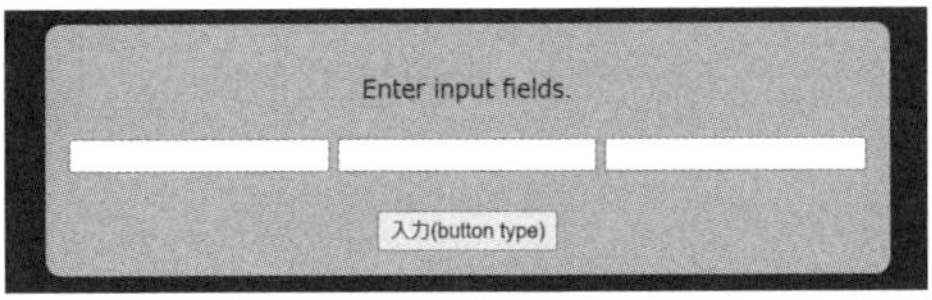

プログラムの重要な部分のみを解説します。

> ①または②で最初の画面のボタンをクリックします。
> ③、④、⑤において、この要素を指定する方法は、Chromeのデベロッパーツールで、③、④は、Copy selectorを取得し、By.CSS_SELECTORに設定し、⑤は、Copy JS pathを取得しexecute_scriptに設定しています。
> ①は、要素を見つけ、「Open」ボタンをクリックしています。
> ②は、要素を指定し、「Open」ボタンをJavaScriptの機能でクリックしています（別解）。
> ③は、要素を見つけ、値を入力しています。
> ④は、要素を見つけ、1度に3つの値を入力しています（別解）。
> ⑤は、要素を指定し、JavaScriptの機能で値を入力しています（別解）。
> ⑥は、要素を見つけ、「入力」ボタンをクリックしています。

複数入力項目のモーダル画面.py

```python
# SeleniumのWebDriverを取り込む
from selenium import webdriver
from selenium.webdriver.common.by import By
from selenium.webdriver.common.keys import Keys
import time
import os

# Chromeを起動する
driver = webdriver.Chrome()

# ローカルのパスを自動取得
# プログラムファイルのディレクトリパス（folder_path）の取得
folder_path = os.path.dirname(__file__)
```

```python
print("プログラムファイルのディレクトリパス:", folder_path)

html_sample_file_path = folder_path + os.sep + "modal.html"
print(html_sample_file_path)
url = "file:///" + html_sample_file_path

print(url)

# URLを開く
driver.get(url)
time.sleep(3)

# ①
# driver.find_element(By.ID, "toggle").click()

# ②
driver.execute_script("document.getElementById('toggle').
click();")

time.sleep(3)

# ③
driver.find_element(By.CSS_SELECTOR, "input:nth-child(2)").send_
keys("123")
driver.find_element(By.CSS_SELECTOR, "input:nth-child(3)").send_
keys("456")
driver.find_element(By.CSS_SELECTOR, "input:nth-child(4)").send_
keys("789")

"""
# ④
driver.find_element(By.CSS_SELECTOR, "input:nth-child(2)").send_
keys(
    "123", Keys.TAB, "456", Keys.TAB, "789"
)
```

```
# ⑤
driver.execute_script(
    'document.querySelector("#inputfield > form > input:nth-
child(2)").value="123";'
)
driver.execute_script(
    'document.querySelector("#inputfield > form > input:nth-
child(3)").value="456";'
)
driver.execute_script(
    'document.querySelector("#inputfield > form > input:nth-
child(4)").value="789";'
)
"""

# ⑥
time.sleep(3)
driver.find_element(By.TAG_NAME, "button").click()
```

③、④、⑤において、この要素を指定する方法は、Chromeのデベロッパーツールで、③、④は、Copy selectorを取得しBy.CSS_SELECTORに設定し、⑤は、Copy JS pathを取得しexecute_scriptに設定しています。

サンプルファイルは、modal.htmlです。

11
Webの操作と情報収集

図11.20　デベロッパーツール

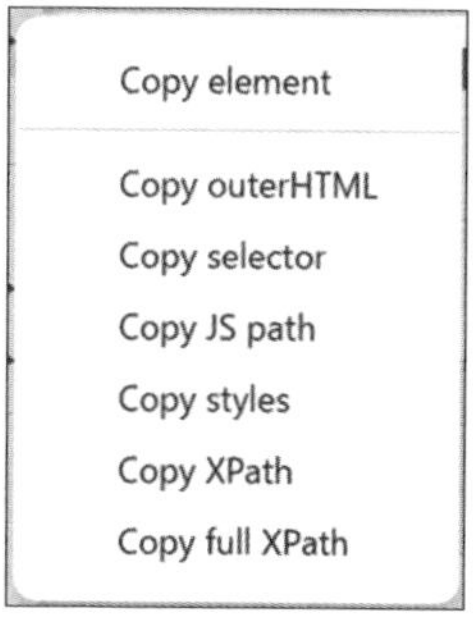

```
Copy element

Copy outerHTML
Copy selector
Copy JS path
Copy styles
Copy XPath
Copy full XPath
```

　複数入力画面は、個々に設定されているので、設定方法が難しい点がありますが、上記の方法、あるいは、Selenium　IDE（後述）による方法も参考になると思います。また、send_keys()メソッドにおいて、複数項目の同時入力や、特殊キーの入力が役に立つかもしれません。

　また、send_keys()メソッドにおいて、複数項目の同時入力や、特殊キーの入力が役に立つかもしれません。

表5　send_Keys()メソッドのキー入力値

deleteキー	send_keys(Keys.DELETE)
Enterキー	send_keys(Keys.ENTER)
TABキー	send_keys(Keys.TAB)
F5キー	send_keys(Keys.F5)
複数のキーを順番に入力	send_keys("ABC",Keys.BACK__SPACE)
Ctrl＋V	send_keys(Keys.CONTROL,"V")

出典：伊藤望/戸田広/沖田邦夫、2016年、『Selenium実践入門』、技術評論社より

　この機能を使うと、自動処理の入力欄に前回の入力値が残っている場合、Ctrl＋Aで入力値を選択し、send_keys(Keys.CONTROL,"A")
　自動処理の繰り返しの中で、前の入力値が残る場合は、Deleteで入力値を削除し、send_keys(Keys.DELETE)で入力欄を初期化（残っているデータを削除）するという使い方もできます。

(5) リスト要素

❶基本パターン

ここでは、以下のようなWeb画面でよくみられるメニューパーツを操作します。Htmlの要素としては、リスト要素 (li) といいます。

図11.21　Python関連Webサイトの絵

ページのソースは以下のようになっています。

html記述の表記

```
<div id="menu">
<ul>
<li><a href="https://www.python.org/" target="_blank">Python公式HP<BR>    </a></li>
<li><a href="https://pypi.org/" target="_blank">PyPI<BR>    </a></li>
<li><a href="https://www.pythonic-exam.com/" target="_
blank">Pythonエンジニア<BR>育成推進協会</a></li>
</div>
```

各リスト要素には、それぞれのWebサイトへのリンクが設定されていますので、メニューをクリックすると、それぞれのWebサイトにアクセスします。

- 1番目のリスト要素は、Python公式HP
- 2番目のリスト要素は、PyPI
- 3番目のリスト要素は、Pythonエンジニア育成推進協会

プログラムのリスト要素をクリックする部分のみを解説します。

🐍 リスト要素の操作.py

```
driver.find_elements(By.TAG_NAME, "li")[2].click()
```

サンプルファイルは、Practice_Python.htmlです。

find_elementsを用い、複数の要素を選択できるようにします。この場合、インデックスで[2]としていますので、0から数えて3番目のリスト要素にリンクの設定してあるPythonエンジニア育成推進協会のWebサイトを表示します。

❷様々なリスト要素

以下のようなメニューも、リスト要素として操作することができます。

🐍 図11.22　様々なリスト要素

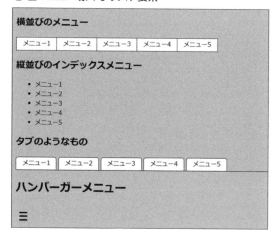

ハンバーガーメニューのアイコンを押すと、以下のメニューが表示されます。

🐍 図11.23　ハンバーガーメニュー

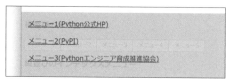

ハンバーガーメニューの内容は、先ほどと同様に以下のリンク先が設定されています。

- メニュー1(Python公式HP)
- メニュー2(PyPI)
- メニュー3(Pythonエンジニア育成推進協会)

サンプルは、various_list_elements.htmlです。コードは、様々なリスト要素の操作.pyです。

これらのリストも基本的には、先ほどと同様に操作します。ハンバーガーメニューは、まず、ボタンをクリックします。その後、リンクテキストでメニューを選択し、クリックしています。

プログラムの重要な部分を示しています。以下は、順番にリスト要素を選択しています。

Pythonのコード（上の3つのメニューに対応）

```
y=-1
for i in range(15):
    y=y+1
    driver.find_elements(By.TAG_NAME, "li")[y].click()
    time.sleep(1)
```

ハンバーガーメニューの部分では、メニューを広げてリンク先テキストを指定し、クリックしています。広がったメニューが閉じる前に、元画面を閉じることなく、3つのサイトにアクセスしています。

1つ開くたびに、time.sleep(1)を設定すると、エラーになりましたので、メニューを開いているわずかの間であれば、3つの画面を開くことができました。

※PC、ネットワークの環境により、上記のように動作しない場合もあります。

🐍様々なリスト要素の操作.py

```
driver.find_element(By.TAG_NAME,"button").click()
time.sleep(3)
driver.find_element(By.LINK_TEXT, "メニュー1(Python公式HP)").click()
driver.find_element(By.LINK_TEXT, "メニュー2(PyPI)").click()
driver.find_element(By.LINK_TEXT, "メニュー3(Pythonエンジニア育成推進協
会)").click()
```

サンプルファイルは、various_list_elements.htmlです。

🐍 (6) JavaScriptで文字入力

ここでは、JavaScriptの文字入力機能を使って、文字入力をします。

1つ目は要素を指定し、send_keys()メソッドで文字を入力しています。

2つ目は、JavaScriptの文字入力機能を使って、文字入力をします。

複数入力モーダル画面のところでは、以下のように入力していました。複数の方法を習得することで、いろいろなケースに対応できるようにする目的で解説します。

🐍コード

```
driver.execute_script(
    'document.querySelector("#inputfield > form > input:nth-
child(4)").value="789";'
)
```

🐍図11.24　文字入力

🐍図11.25　文字入力した後

プログラムの文字を入力する部分のみを解説します。

🐍 JavaScriptで文字入力.py

```
text_1 = "Pythonは、オープンソースですので、職場でのチームとしての導入のハードルが
低く、お互い、周りの方と共に業務の効率化を進めていくことができます。"

text_2 = "職場でのチームとしての導入において、Pythonは、オープンソースであり、ハー
ドルが低く、お互い、周りの方と共に業務の効率化を進めていくことができます。"

driver.find_elements(By.TAG_NAME, "textarea")[0].send_keys(text_1)
driver.execute_script(
    'document.getElementsByTagName("textarea")[1].value="%s";' % text_2
)
```

サンプルファイルは、Memo.htmlです。

[🐍 (7) ファイルアップロード]

　ここでは、ファイルのアップロード方法を解説します。画面の下の方に、ファイル選択ボタンがあります。

🐍 図11.26　ファイルアップロード画面

　ファイルの選択ボタンを押すと、ファイルの選択画面が表示されますが、その部分は、以下のようにinput要素です。ファイルの場合は、input要素に対してファイルパスを入力します。

🐍 html/JavaScriptのコード

```
<div>
<input type="file" onchange="readJsonFile(this)" accept=".json">
</div>
```

　プログラムの重要な部分は、以下のようになります。

🐍 Pythonのコード

```
input_file = folder_path + os.sep + "JSON_registration_
information.json"


driver.find_element(By.XPATH, "/html/body/div/input").send_
keys(input_file)
```

🐍 htmlのコード (ファイルタイプのinput要素)

```
<input type="file" >
```

　上記のようなファイルタイプのinput要素に、send_keys()メソッドでファイルパスを入力しています。この場合、JSON形式のファイルをアップロードすることによって、サンプル画面にこの画面への入力項目が、一気に入力されました。

　input要素でファイルをアップロードする場合、手作業だとファイル選択画面を表示しますが、send_keys()メソッドでファイルパスを入力する場合、ファイル選択画面は表示されません。

図11.27 入力後の画面.png

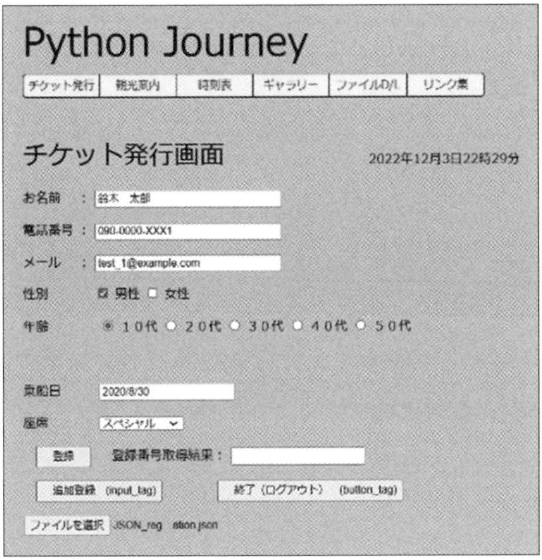

●プログラムに関する情報

サンプルファイルは、ticket_registration_JSON_API.htmlです。

コードは、ファイルのアップロード.pyです。

アップロード用データは、JSON_registration_information.jsonです。

MEMO

第12章

Web情報収集

Web画面から情報を収集するには、Webスクレイピング、クローリングという技術があります。そして、マーケティング分析等を目的としてデータを収集し、AIで分析する等の専門の分野があり、専門の解説書も数多く発刊されています。

本章では、事務処理におけるWebからの情報の収集に関する基本操作を解説します。

この章でできること

Seleniumにより、以下の情報を取得できる
- 見出し情報
- 画像
- ファイル

BeautifulSoup 4により、以下の情報を取得できる
- 見出し情報
- 表

1　Webからの情報収集

本節では**Web**からの情報収集の方法について解説します。

Webから情報を収集するには、大きく分けて以下の2つの方法があります。

- Webを通信手段として考える方法
- Webブラウザに表示されている情報として考える方法

(1) Webを通信手段として考える方法

　Webの情報元のサーバと通信し、htmlデータを入手し、そのhtmlデータから情報を取り出す方法です。この場合、これまでWeb画面の操作で説明してきたようなブラウザを使いません。ブラウザ画面上で表示することなく作業を進めので、高速処理が可能です。しかしながら、ブラウザを何段階か操作した後に表示される画面からの情報収集には、高度な専門的な知識が必要です。

図12.1　Web画面の操作の絵
例：マーケティングのためにインターネット上から大量に情報を取得する場合

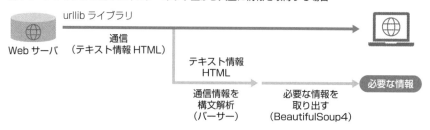

(2) Webをブラウザに表示されている情報として 考える方法

　業務用システムでは、何段階か操作した後の画面から情報を取得する場合が多くあります。Web画面の操作には、Seleniumを使います。また、Seleniumを用いて情報を取得することもできます。SeleniumからWeb画面のHtmlファイル（テキストデータ）を出力し、そのテキストデータから情報を取得することもできます。

図12.2　Web画面の操作の絵
例：業務用システムから情報を取得する場合

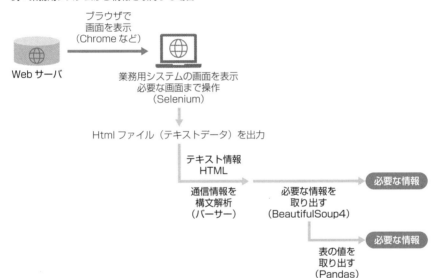

　(1)の場合も、(2)の場合も、取得したHTMLデータは、パーサーというツールで解析し、BeautifulSoup4というライブラリで情報を取り出します。また、表の値の取得をする場合は、pandasというライブラリを使います。
　本書では、業務用システムからの情報の取得として、何段階か操作した画面からの情報の取得として、(2)の方法を解説します。

2　見出し情報、本文情報の取得

> 本節では、Web画面から、見出し情報、本文情報を取得します。最初にSelenium
> による方法を解説し、次にBeautifulSoup 4による方法を解説します。

　次に、BeautifulSoup 4をインストールします。pandasも用いるので、pandasも
インストールします。また、Excelファイルを出力するため、openpyxlもインストール
します。

🐍 BeautifulSoup 4をインストールする

```
py -m pip install beautifulsoup4
```

🐍 pandasをインストールする

```
py -m pip install pandas
```

🐍 openpyxlをインストールする

```
py -m pip install openpyxl
```

 (1) 対象画面

　ここでは、以下の観光情報の画面を用いて、見出し情報の取得方法を解説します。
教材は、tourist_information.htmlです。

　Web画面での見出し情報は、
　<h1>,<h2>,<h3>タブを使い表記します。この見出し情報にSeleniumを用いて、
情報を取得します。

📖 図12.3 観光情報の取得画面

📖 観光情報のHTML言語の表記（一部）

<h1>観光案内（h1）</h1>
<p>
パイソン地方は、とても観光で有名です。
このページでは、海と山について四季折々の観光情報をご案内いたします。
</p>
<h2>・海の情報（h2）</h2>
<p>
パイソン地方の海は、太平洋に面していて小さな島もあり、
釣りやスキューバダイビングが盛んです。
</p>
<h3> 春のお勧め（h3）</h3>
<p>
パイソン地方の春は、梅の開花で訪れます。
パイソン公園には、梅が3000本あり、とても綺麗です。
</p>

(2) Seleniumによる方法

コードは以下のようになります。

コード

```
from selenium import webdriver
from selenium.webdriver.common.by import By
import time
import os

# Chromeを起動する
driver = webdriver.Chrome()

# ローカルのパスを自動取得
# プログラムファイルのディレクトリパス (folder_path) の取得
folder_path = os.path.dirname(__file__)
print("プログラムファイルのディレクトリパス:", folder_path)

html_sample_file_path = folder_path + os.sep + "tourist_
information.html"
print(html_sample_file_path)
url = "file:///" + html_sample_file_path
# url = "file:///C:¥¥Users¥【PCの名前】¥¥Desktop¥¥tourist_
information.html"

# URLを開く
driver.get(url)
time.sleep(5)

# タグ情報の取得
print("h1  ヘッダー  第1階層=========================")
h1_elms = driver.find_elements(By.TAG_NAME, "h1")
for h1_elm in h1_elms:
    h1_value = h1_elm.text
    print(h1_value)
```

```
print("")
print("h2　ヘッダー　第2階層=========================")
h2_elms = driver.find_elements(By.TAG_NAME, "h2")
for h2_elm in h2_elms:
    h2_value = h2_elm.text
    print(h2_value)


print("")
print("h3　ヘッダー　第3階層=========================")
h3_elms = driver.find_elements(By.TAG_NAME, "h3")
for h3_elm in h3_elms:
    h3_value = h3_elm.text
    print(h3_value)


print("")
print("p　パラグラフ　=========================")
p_elms = driver.find_elements(By.TAG_NAME, "p")
for p_elm in p_elms:
    p_value = p_elm.text
    print(p_value)
```

12

Web情報収集

実行画面

```
c:/Users/【PCの名前】/デスクトップ/Program-1_項目情報の取得/項目情報の取得.py


h1　ヘッダー　第1階層=========================
観光案内 (h1)


h2　ヘッダー　第2階層=========================
・海の情報 (h2)
・山の情報 (h2)


h3　ヘッダー　第3階層=========================
春のお勧め (h3)
夏のお勧め (h3)
秋のお勧め (h3)
```

冬のお勧め (h3)
春のお勧め (h3)
夏のお勧め (h3)
秋のお勧め (h3)
とても人気の写真スポットです。
パイソン山は、キャンプでも人気です。
都心から離れているので、星がとても綺麗です。
パイソン山は紅葉でもとても有名です。
パイソン側周辺の散策コースが落ち着いていて人気です。
パイソン山のふもとのパイソン温泉がお勧めです。
パイソンには温泉旅館が17軒あります。
⋮
(以下省略)

🐍 (3) BeautifulSoup 4 による方法

🐍 項目情報の取得_BeautifulSoup4.py

```python
from selenium import webdriver
from selenium.webdriver.common.by import By
import time
import os
from bs4 import BeautifulSoup


# Chromeを起動する
driver = webdriver.Chrome()


# ローカルのパスを自動取得
# プログラムファイルのディレクトリパス (folder_path) の取得
folder_path = os.path.dirname(__file__)
print("プログラムファイルのディレクトリパス:", folder_path)


html_sample_file_path = folder_path + os.sep + "tourist_information.html"
print(html_sample_file_path)
url = "file:///" + html_sample_file_path
# url = "file:///C:¥¥Users¥[PCの名前]¥¥Desktop¥¥tourist_information.html"
```

```
# URLを開く
driver.get(url)
time.sleep(5)

html = driver.page_source

soup = BeautifulSoup(html, "lxml")

print(soup)

h1 = soup.find("h1")

print(h1)
print((h1.decode_contents(formatter="html")))

h2_list = soup.find_all("h2")
for h2 in h2_list:
    h2_value = h2.decode_contents(formatter="html")
    print(h2_value)

h3_list = soup.find_all("h3")
for h3 in h3_list:
    h3_value = h3.decode_contents(formatter="html")
    print(h3_value)

p_list = soup.find_all("p")
for p in p_list:
    p_value = p.decode_contents(formatter="html")
    print(p_value)

html = driver.page_source
```

ここで、ページの情報を取得します。

なお、以下の部分で、decode_contents(formatter="html")としているのは、Web
の要素というのは、タグに囲まれた状態で、HTMLのデータとして記述されています。
そのままだと、OUTERテキストといい、タグ情報を取得してしまいます。

 コード

```
print(h1)
print((h1.decode_contents(formatter="html")))
```

decode_contents(formatter="html")として、目に見える部分の情報（INNER テ
キストといいます。）のみを取得しようとしています。

プログラムの実行結果は、Seleniumと同様ですので、省略します。

3 表の値の取得

本節では、以下の株価情報の画面を用いて表の値の取得方法を解説します。

 (1) 対象画面

　Python JourneyのグループのPython Journey社とPython Ticket社の株価情報が1つのページにあります。

　Python Journey社の方は上側にあり、Python Ticket社の方が下側にあります。

🐍 図12.4　1つ目の表（青）

Python Journey

株価一覧表です。

Python Journey社の株価

日付	始値	安値	高値	終値
2022年4月28日	1296	1346	1292	1341
2022年4月27日	1288	1305	1286	1299
2022年4月26日	1312	1319	1298	1308
2022年4月25日	1290	1320	1287	1314
2022年4月22日	1332	1337	1320	1326
2022年4月21日	1343	1357	1342	1350
2022年4月20日	1332	1361	1331	1355
2022年4月19日	1305	1312	1295	1306
2022年4月18日	1287	1299	1277	1293
2022年4月15日	1260	1298	1260	1296
2022年4月14日	1258	1279	1251	1279
2022年4月13日	1265	1274	1244	1272
2022年4月12日	1263	1268	1239	1242
2022年4月11日	1252	1269	1246	1261
2022年4月 8日	1282	1299	1244	1257
2022年4月 7日	1300	1304	1279	1301
2022年4月 6日	1315	1321	1306	1314
2022年4月 5日	1339	1342	1322	1331
2022年4月 4日	1316	1328	1315	1327
2022年4月 1日	1334	1343	1305	1323

🐍 図12.5　2つ目の表（緑）

Python Ticket社の株価

日付	始値	安値	高値	終値
2022年4月28日	296	346	292	341
2022年4月27日	288	305	286	299
2022年4月26日	312	319	298	308
2022年4月25日	290	320	287	314
2022年4月22日	332	337	320	326
2022年4月21日	343	357	342	350
2022年4月20日	332	361	331	355
2022年4月19日	305	312	295	306
2022年4月18日	287	299	277	293
2022年4月15日	260	298	260	296
2022年4月14日	258	279	251	279
2022年4月13日	265	274	244	272
2022年4月12日	263	268	239	242
2022年4月11日	252	269	246	261
2022年4月 8日	282	299	244	257
2022年4月 7日	300	304	279	301
2022年4月 6日	315	321	306	314
2022年4月 5日	339	342	322	331
2022年4月 4日	316	328	315	327
2022年4月 1日	334	343	305	323

ところで、表のHTML形式データは以下のようになります。

🐍 観光情報のHTML言語の表記(一部)

```
<h2>Python Journey社の株価</h2>
<div id="table_1">
<table border="1" class=" blue_gothic_style">
  <tr>
    <th>日付</th><th>始値</th><th>安値</th><th>高値</th><th>終値</th>
  </tr>

  <tr>
    <th>2022年4月28日</th><td>1296</td><td>1346</td><td>1292</
td><td>1341</td>
  </tr>

  <tr>
    <th>2022年4月27日</th><td>1288</td><td>1305</td><td>1286</
td><td>1299</td>
  </tr>

  <tr>
    <th>2022年4月26日</th><td>1312</td><td>1319</td><td>1298</
td><td>1308</td>
  </tr>
  :
(以下省略)
```

このようなデータを読み取ることになります。

🐍 (2) プログラムの流れ

ここでは、ダイレクトに株価情報が表示された画面を用いていますが、何段階かWeb画面を操作し、必要な画面まで進み、株価を表示するケースを想定しています。

今回は、以下の流れで操作します。

①Seleniumで表の表示された画面を操作

②SeleniumのSeleniumのpage_sourceメソッドで、Webページのソースをhtmlオ
ブジェクトとして入手

③BeautifulSoup4で構文解析器（パーサー：lxml）を扱い、構文解析

④pandasを用いてデータフレーム形式で表の値を取得

⑤openpyxlを使いExcelファイルに出力

⑥csvモジュールを使い、CSVファイルに出力

(3) 基本パターン

新しいライブラリについて解説します。

●import csv
得られた表の値をCSVファイルで保存するためのライブラリです。

●import openpyxl
得られた表の値をExcelファイルで保存するためのライブラリです。

●from bs4 import BeautifulSoup
htmlオブジェクトの中の情報をパーサと共に構文解析します。

●import pandas as pd
pandasは、データ分析に主に用いられるライブラリです。BeautifulSoup 4で解析
されたhtmlオブジェクトから表の情報を取り出します。

●html = driver.page_source
Seleniumのpage_sourceメソッドでhtmlオブジェクトを入手します。

得られたhtmlオブジェクトの構文解析を行います。

パーサーとは、htmlファイルには人が手作業で記述したものもあり、誤記やコン
ピュータにとってそのままでは読み取れない場合があります。コンピュータで読みやす

いようにするため、パーサーで構文解析を行います。

パーサーには以下のようなものが主に用いられています。

表のデータを取得するという観点で、相性があるようですので、いろいろと試して、値が取得できるものを使っています。

📙 表1　パーサーの種類

html.parser	Pythonに最初からインストールされています。
lxml	インストールが必要です。高速処理ができるといわれています。
html5lib	インストールが必要です。

通常、高速動作するか等の視点で選ばれますが、表の値の取得においては、解析対象との相性もあります。どれかのパーサーで取得できなくても、他のパーサで取得できることもあります。

html.parserはインストールの必要はありません。lxml、html5libは、インストールする必要があります。

```
py -m pip install lxml
py -m pip install html5lib
```

実際に活用する上で、パーサーをどれかに限定するということはありませんが、pandasの公式マニュアルのpandas.read_htmlの項に、以下の記述があり、表の値の取得に関しては、lxmlとの相性がよいように思います。他のパーサでうまく動作しないような場合、lxmlでも確認すると良いと思います。

📙 pandas.read_html (pandas公式マニュアル)

https://pandas.pydata.org/docs/reference/api/pandas.read_html.html

●記述

This value is converted to a regular expression so that there is consistent behavior between Beautiful Soup and lxml.

```
df = pd.read_html(str(table))
```

　この1行で、htmlオブジェクトから表の値を、データフレーム形式で取り出していま
す。データフレーム形式とは、pandasで用いるデータ形式です。pandasについては、
具体的な方法は14章で解説します。

🖨 S0002_表の値の取得_提出用_作り直し.py

```
# SeleniumのWebDriverを取り込む
from selenium import webdriver
from selenium.webdriver.common.by import By
import os
import time

import csv
import openpyxl

from bs4 import BeautifulSoup
import pandas as pd

# Chromeを起動する
driver = webdriver.Chrome()

# ローカルのパスを自動取得
# プログラムファイルのディレクトリパス (folder_path) の取得
folder_path = os.path.dirname(__file__)
print("プログラムファイルのディレクトリパス:", folder_path)

html_sample_file_path = folder_path + os.sep + "stock_table.html"
print(html_sample_file_path)

url = "file:///" + html_sample_file_path

print(url)

# URLを開く
```

```
driver.get(url)
time.sleep(1)

# Seleniumを用い、ページのソースをhtmlというオブジェクトで得る。
html = driver.page_source

# htmlというオブジェクトを、lxmlというパーサーを用い、
# BeautifulSoup4で構文解析する。
html_soup = BeautifulSoup(html, "lxml")
# または、html_soup = BeautifulSoup( html, "html.parser")
# parserは、lxmlを基本とする (pandas のマニュアル参照)

# 基本的な取得方法。複数の表のデータを取得し、順番指定する。
table_all = html_soup.findAll("table")
df_all = pd.read_html(str(table_all))

# データフレーム形式でターミナルに出力する。
print(df_all[0])
print(df_all[1])

# Excelファイル形式、CSVファイル形式で出力する。
df_all[0].to_excel("1_基本的な表の取得_1番目の表.xlsx")
df_all[0].to_csv("2_基本的な表の取得_1番目の表.csv", encoding="cp932")

df_all[1].to_excel("3_基本的な表の取得_2番目の表.xlsx")
df_all[1].to_csv("4_基本的な表の取得_2番目の表.csv", encoding="cp932")
```

🐍コード

```
df_all[0].to_excel("基本的な表の取得_1番目の表.xlsx")
```

　この1行で、データフレーム形式のデータをExcelファイルとして出力します。このように、インデックスを用いて2つの表を特定することができます。

🐍コード

```
df_all[0].to_csv("基本的な表の取得_1番目の表.csv", encoding="cp932")
```

この1行で、データフレーム形式のデータをcsvファイルとして出力します。ここでは、CSVファイルの文字コードをcp932に指定しています。

cp932は、Windowsの標準ですので、この場合は、外部出力してWindowsで扱うことを考慮しています。

Pythonはutf-8が標準なので、csvファイルをPythonで扱う場合は、utf-8に指定することが多くあります。

🐍 (4) Classを用いて表を指定する方法

上記の場合、インデックス番号を用いて表を特定することができました。しかしながら、実際の業務でWeb画面の情報を取得しようとすると、順番で指定するのが困難な場合があります。それは、見た目に表として表れていなくても、HTML言語としては、表を使用している場合があります。表の形式とすると、文字等の配置が綺麗に整います。また、画面を大きく開いたときや、画面サイズの変更に対しても、見栄えが崩れにくいとのメリットがあります。

このため、表の情報を取得するために、表を順番に指定しても、求めている情報になかなかたどり着かないこともあります。

そこで表の見栄えを整えているClassに着目し、Classを指定して表の値を習得します。今回、2つの表は以下の2つのスタイルで設定しています。

- 青文字、ゴシック体のスタイル名：blue_gothic_style
- 緑文字、明朝体：green_mincho_style

これらのスタイルに着目し、それぞれを指定することで表を特定することができます。

🐍 コード

```
<h2>Python Journey社の株価</h2>
<div id="table_1">
<table border="1" class=" blue_gothic_style ">
  <tr>
    <th>日付</th><th>始値</th><th>安値</th><th>高値</th><th>終値</th>
  </tr>
```

```
<h2>Python Ticket社の株価</h2>
<div id="table_2">
<table border="1"class=" green_mincho_style ">
  <tr>
    <th>日付</th><th>始値</th><th>安値</th><th>高値</th><th>終値</th>
  </tr>
```

以下のようにすることで、Classに基づいて表を指定することができます。

🐢 S0002_表の値の取得_提出用_作り直し.py　プログラム先は作りなおしています

```
# クラスを指定し、表のデータを取得する。
# bgs:blue_gothic_style,  gms:green_mincho_style
table_bgs = html_soup.findAll("table", {"class": "blue_gothic_
style"})
df_bgs = pd.read_html(str(table_bgs))
print(df_bgs[0])

df_bgs[0].to_excel("5_ブルーゴシック体の表.xlsx")
df_bgs[0].to_csv("6_ブルーゴシックの表.csv", encoding="cp932")

table_gms = html_soup.findAll("table", {"class": "green_mincho_
style"})
df_gms = pd.read_html(str(table_gms))
print(df_gms[0])

df_gms[0].to_excel("7_グリーン明朝体の表.xlsx")
df_gms[0].to_csv("8_グリーン明朝体の表.csv", encoding="cp932")
```

教材は、stock_table.htmlです。

🐍図12.6　出力結果

📊 1_基本的な表の取得_1番目の表.xlsx

📊 2_基本的な表の取得_1番目の表.csv

📊 3_基本的な表の取得_2番目の表.xlsx

📊 4_基本的な表の取得_2番目の表.csv

📊 5_ブルーゴシック体の表.xlsx

📊 6_ブルーゴシックの表.csv

📊 7_グリーン明朝体の表.xlsx

📊 8_グリーン明朝体の表.csv

🐍図12.7　出力結果：ブルーゴシック体の表

	A	B	C	D	E	F
1		日付	始値	安値	高値	終値
2	0	2022年4月28日	1296	1346	1292	1341
3	1	2022年4月27日	1288	1305	1286	1299
4	2	2022年4月26日	1312	1319	1298	1308
5	3	2022年4月25日	1290	1320	1287	1314
6	4	2022年4月22日	1332	1337	1320	1326

🐍図12.8　出力結果：グリーン明朝体の表_Excelの図.png

	A	B	C	D	E	F
1		日付	始値	安値	高値	終値
2	0	2022年4月28日	296	346	292	341
3	1	2022年4月27日	288	305	286	299
4	2	2022年4月26日	312	319	298	308
5	3	2022年4月25日	290	320	287	314
6	4	2022年4月22日	332	337	320	326

4　画像情報の取得

本章では、画面上の画像の取得、および全体画面の取得をします。

　本章では、Web画面上から画面情報を取得する方法を解説します。本書で説明する方法は、SeleniumでWeb画面を操作した後の画面上の画像をキャプチャー（スクリーンショット）する方法です。

　本書の方法以外にも、画面のファイルのリンク情報を取得し、そのリンク情報に基づいて、通信によって画像の情報を取得する方法もあります。詳細はWebからの情報のスクレイピング分野の書籍をご参考ください。

図12.9　全体の画面

画像の取得
画像データの取得方法の練習をします。

No.1 Pic_01.png	No.3 Pic_03.png	No.5 Pic_05.png	No. 7 Pic_07.png
No.2 Pic_02.png	No.4 Pic_04.png	No.6 Pic_06.png	No.8 Pic_08.png

画像情報の取得_複数_解説付き_修正版.py

```python
# SeleniumのWebDriverを取り込む
from selenium import webdriver
from selenium.webdriver.common.by import By
from selenium.webdriver.common.keys import Keys
import time
import os


# Chromeを起動する
```

```
driver = webdriver.Chrome()


## ローカルのパスを自動取得
# プログラムファイルのディレクトリパス(folder_path)の取得
folder_path = os.path.dirname(__file__)
print("プログラムファイルのディレクトリパス:", folder_path)


# ローカルのパスの作成
html_sample_file_path = folder_path + os.sep + "image_window.html"
print(html_sample_file_path)
url = "file:///" + html_sample_file_path


print(url)


# URLを開く
driver.get(url)
time.sleep(2)


y = -1


for i in range(8):


    y = y + 1


    # 画像データの取得(バイナリ形式で取得)
    png_data = driver.find_elements(By.TAG_NAME, "img")[y].
screenshot_as_png
    time.sleep(1)


    # ファイル名につける連番の文字列の作成
    x = y + 1
    str_x = str(x)


    # ファイル名、ファイルパスの作成
    file_path = "DATA-3¥¥img" + str_x + ".png"
```

```
# ファイル名、ファイルパスの作成
# open関数に、モード：wbを指定することで、ファイルパスのファイルを
# バイナリモードで新規作成します。そこにpngフォーマットで
# 取得した情報（png_data）を書き込みます。
with open(file_path, "wb") as f:
    f.write(png_data)
```

```
driver.save_screenshot("DATA-3¥¥all_page_screenshot.png")
```

以下の部分で、1つひとつの画像のスクリーンショットを取得しています。

🐍 コード

```
png_data = driver.find_elements(By.TAG_NAME, "img")[y]
.screenshot_as_png
```

以下の部分で、全体のスクリーンショットを取得しています。

🐍 コード

```
driver.save_screenshot("DATA-3¥¥all_page_screenshot.png")
```

サンプルファイルは、image_window.htmlです。
galleryのデータ
プログラムファイルの階層に、DATA-3のフォルダが必要。

🐍 図12.10　画像の取得結果

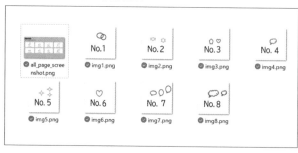

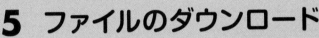

5　ファイルのダウンロード

本節では、Web画面上にリンクの設定してあるファイル情報の取得方法を解説します。

(1) Seleniumを用いたファイルのダウンロードの基本的な考え方

ファイルの設定してある要素をクリックし、ブラウザの機能によってファイルをダウンロードします。要するに、通常の人が操作するのと同じことをします。

(2) 考慮すべき点

- ファイルのダウンロード先フォルダの指定
- ファイルの保存先を聞いてくるダイアログの非表示（Chromeは不要）
- ブラウザの機能でファイルが開いてしまうことを防止（Chromeはpdfファイルが開きます）

ブラウザの機能を用いて、ファイルを取得するので、Seleniumの設定だけではなく、ブラウザ（WebDriver）の設定もする必要があります。

🐍 図12.11　ファイルダウンロード画面

Python Journey
ファイルD/L

貸し切り利用、団体割引の際は、こちらのファイルにご記入の上、申請をお願いいたします。
なお、ご利用の際は、以下の注意事項の確認をお願いいたします。

貸し切り利用申請書　[Excelファイル]

団体割引申請書（日本語）　[Excelファイル]

使用上の注意事項　[pdfファイル]

　サンプルファイルは、files-2.html、ファイルのダウンロード_pdfファイル対応_できた_清書.py です。

🐍 コード

```python
# SeleniumのWebDriverを取り込む
from selenium import webdriver
from selenium.webdriver.common.by import By
from selenium.webdriver.common.keys import Keys
from selenium.webdriver.chrome.options import Options

import time
import os

options = webdriver.ChromeOptions()
options.add_experimental_option(
    "prefs",
    {
        "download.default_directory": "C:¥¥Users¥¥[PCの名前]¥¥デスク
トップ¥¥保存用",
        "download.prompt_for_download": False,
```

```
        "download.directory_upgrade": True,
        "plugins.plugins_disabled": ["Chrome PDF Viewer"],
        "plugins.always_open_pdf_externally": True,
    },
)
options.add_argument("--disable-extensions")
options.add_argument("--disable-print-preview")

# Chromeを起動する
driver = webdriver.Chrome(chrome_options=options)

## ローカルのパスを自動取得
# プログラムファイルのディレクトリパス (folder_path) の取得
folder_path = os.path.dirname(__file__)
print("プログラムファイルのディレクトリパス:", folder_path)

# ローカルのパスの作成
html_sample_file_path = folder_path + os.sep + "files.html"
print(html_sample_file_path)
url = "file:///" + html_sample_file_path
print(url)

# URLを開く
driver.get(url)
time.sleep(7)

driver.find_element(By.XPATH, "/html/body/form/div[2]/font/p[1]/
a").click()
driver.find_element(By.XPATH, "/html/body/form/div[2]/font/p[2]/
a").click()
driver.find_element(By.XPATH, "/html/body/form/div[2]/font/p[3]/
a").click()
```

　ファイルのクリックのところは、これまでの説明でわかると思います。一番、重要なのは、WebドライバーをインポートしてChromeを起動する前に、以下の部分で、ChromeOptionを設定している点です。

まず、Chromeのオプションは、以下のように設定します。以下の例では、ヘッドレスモード（ブラウザを非表示にして動かす方法）に設定している例です。

🐍 コード

```
options = webdriver.ChromeOptions()
options.add_argument("--headless")
driver = webdriver.Chrome(options=options)
```

ChromeOptionの公式情報はこちらです。

🐍 Capabilities & ChromeOptions

> https://chromedriver.chromium.org/capabilities

上記には、ダウンロードフォルダの指定方法等が書かれています。

🐍 コード

```
ChromeOptions options = new ChromeOptions();
Map<String, Object> prefs = new HashMap<String, Object>();
prefs.put("download.default_directory", "/directory/path");
options.setExperimentalOption("prefs", prefs);
```

今回は、以下のようにして、ダウンロードフォルダの指定だけでなく、Chromeのブラウザがpdfファイルのリンクをクリックしたとき、pdfファイルのビューワー機能を使わないように設定しています。

コード

```
options = webdriver.ChromeOptions()
options.add_experimental_option(
    "prefs",
    {
        "download.default_directory": "C:¥¥Users¥¥【PCの名前】¥¥デスク
トップ¥¥保存用",
        "download.prompt_for_download": False,
        "download.directory_upgrade": True,
        "plugins.plugins_disabled": ["Chrome PDF Viewer"],
        "plugins.always_open_pdf_externally": True,
    },
)
options.add_argument("--disable-extensions")
options.add_argument("--disable-print-preview")
```

図12.12　ファイルの取得結果

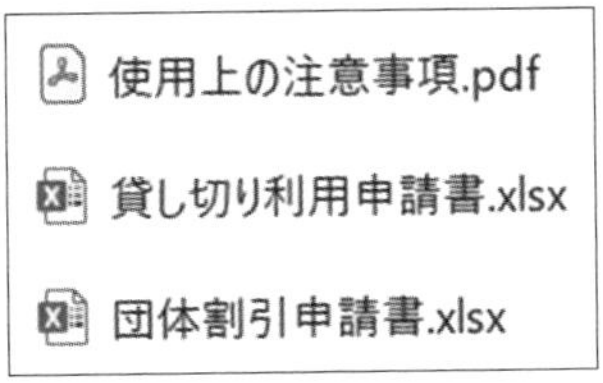

使用上の注意事項.pdf

貸し切り利用申請書.xlsx

団体割引申請書.xlsx

Webサイト参考情報

なお、本書における、pdfファイルが開くことを防止し、Excelファイルと同様に指定したフォルダに保存するための設定は、以下のサイトの情報を参考にさせていただきました。

●みーのぺーじ（みー様、2017-04-25）

「Selenium3のChromeDriverでpdfをダウンロードする」

https://pc.atsuhiro-me.net/entry/2017/04/25/193832

6 その他

これまでの説明で、Web画面の操作、およびデータの収集方法の骨格となる知識を解説してきました。ここでは、よく使われる機能等を解説します。

本章では、Seleniumを使う上での便利な機能について、以下の内容を解説します。

① WebDriverのファイルパスの指定
② ChromeDriverの自動更新
③ コンソールウインドウの非表示
④ Edgeの利用
⑤ Selenium IDE

(1) WebDriverのファイルパスの指定

　本書で最初にSeleniumのためのchromedriver.exeの配置先としてPython.exeファイルのあるフォルダと説明しました。Pythonのバージョンが増えたりすると同じchromedriver.exeのファイルを複数のPythonのバージョンに対応して保存することになります。そこで、どこかのフォルダにchromedriver.exeを保存し、ファイルパスを指定する方法があります。なお、以下の方法は、Selenium 4での方法です。

コード

```
from selenium import webdriver
from selenium.webdriver.chrome.service import Service as
ChromeService

options = webdriver.ChromeOptions()
service = ChromeService(executable_path="C:¥¥Users¥¥【PCの名前】¥¥デス
クトップ¥¥chromedriver.exe")
```

```
driver = webdriver.Chrome(service=service, options=options)
```

このdriver = webdriver.Chrome(service=service, options=options)以下は、これまでの以下の部分に相当します。

🐍コード

```
# Chrome を起動する
driver = webdriver.Chrome()
```

🐍Seleniumのマニュアルの記載内容

> https://www.selenium.dev/documentation/webdriver/getting_started/upgrade_to_selenium_4/#python-1

🐍コード

```
from selenium import webdriver
from selenium.webdriver.chrome.service import Service as
ChromeService
options = webdriver.ChromeOptions()
options.add_experimental_option("excludeSwitches", ["enable-
automation"])
options.add_experimental_option("useAutomationExtension", False)
service = ChromeService(executable_path=CHROMEDRIVER_PATH)
driver = webdriver.Chrome(service=service, options=options)
```

上記を実際のコードに適用すると、先ほどの内容になります。

🐍 (2) ChromeDriver の自動更新

ブラウザのChromeのバージョンを確認するとわかりますが、Chromeは頻繁に
バージョンアップをしています。そして、そのたびに、chromedriver.exeをダウンロー
ドサイトにアクセスして取得する必要があります。

そこで、webdriver-managerというライブラリを用いるとドライバを自動更新しま
す。Seleniumとは開発元が異なります。そのためPyPIに登録されています。

🐍 Webdriver Manager for Python

```
https://pypi.org/project/webdriver-manager/
```

PyPIを見ると、Chrome以外、Edgeにも対応しているようです。
この使い方は、以下のようになります。なお、この方法は、Selenium 4での方法です。

まず、ライブラリをインストールします。

```
py -m pip install webdriver-manager
```

🐍 コード

```
from selenium import webdriver
from selenium.webdriver.chrome.service import Service
from webdriver_manager.chrome import ChromeDriverManager

driver = webdriver.Chrome(service=Service(ChromeDriverManager().
install()))
```

このdriver = webdriver.Chrome(service=Service(ChromeDriverManager().
install()))以下は、これまでの以下の部分に相当します。

🐍 コード

```
# Chrome を起動する
driver = webdriver.Chrome()
```

(3) コンソールウインドウの非表示

Seleniumを使っていると、操作対象のWeb画面以外に、黒い画面（コンソールウインドウ）を表示します。そして、操作対象のWeb画面を閉じても、開いたまま残っています。特に、いろいろと試行錯誤を繰り返していると、どんどん溜っていきます。そんなときのためのプログラムをご紹介します。

コード

```python
from selenium import webdriver
from selenium.webdriver.chrome.service import Service
from subprocess import CREATE_NO_WINDOW


service = Service('path/to/chromedriver')
service.creationflags = CREATE_NO_WINDOW


driver = webdriver.Chrome(service=service)
```

Serviceクラスのcreationflagsを直接書き換えることでコンソールウィンドウを非表示にすることができるそうです。

7 Edgeで使用する場合

Seleniumの活用事例としては、Chromeが多くありますが、Seleniumは、Edge を操作することができます。以下にEdgeの操作方法を解説します。

Edgeのバージョンを確認し、対応したDriverを入手します。PythonでのSelenium のコードの書き方もSeleniumの書き方も、chromedriverの部分をEgdeDriverに変 更することになります。

(1) Edge のバージョンの確認方法

以下の方法でEdgeのバージョン情報を確認します。右上の「…」をクリックします。

🐍 図12.13 Edgeの設定画面を開く

次に歯車の設定アイコンをクリックします。

🐍 図12.14 設定を選択

「Microsoft Edgeについて」をクリックします。

🐍 図12.15　Microsoft Edge について

　以下のように、バージョン情報：バージョン108.0.1462.42（公式ビルド）（64ビット）が表示されます。

🐍 図12.16　バージョン情報

[🐍 **(2) Microsoft Edge WebDriver の入手方法**]

以下のMicrosoft Edge WebDriverのサイトにアクセスします。

🐍 Microsoft Edge WebDriver

https://developer.microsoft.com/ja-jp/microsoft-edge/tools/webdriver/

📌図12.17　Microsoft Edge WebDriverのサイト

最新バージョンを入手します。

Stable チャネル

現在の一般公開チャネル。

バージョン: 108.0.1462.42: x86 | x64 | Linux |
ARM64

●Stableチャネル

ここでStableチャンネルにあるファイル（バージョン：108.0.1462.42 x64）を選択します。edgedriver_win64.zipというファイルがダウンロードされたら解凍し、msedgedriver.exeというファイルが得られます。

今回は、Python.exeファイルのあるフォルダに保存する場合で説明します。

保存先は、

```
C:¥Users¥【PCの名前】¥AppData¥Local¥Programs¥Python¥Python310
```

となります。

📌図12.18　ドライバの保存先

	名前	更新日時	種類	サイズ
	python.exe	2022/08/01 21:59	アプリケーション	100 KB
	msedgedriver.exe	2022/12/06 17:40	アプリケーション	16,211 KB

« ユーザー » 【PCの名前】 › AppData › Local › Programs › Python › Python310

📌Microsoftのマニュアル

https://learn.microsoft.com/ja-jp/microsoft-edge/webdriver-chromium/
?tabs=c-sharp

●プログラムの変更点

🐍 Chromeの場合

```
# SeleniumのWebDriverを取り込む
from selenium import webdriver
from selenium.webdriver.common.by import By
from selenium.webdriver.common.keys import Keys


# Chromeを起動する
driver = webdriver.Chrome()
```

🐍 Edgeの場合

```
# SeleniumのWebDriverを取り込む
from selenium import webdriver
from selenium.webdriver.common.by import By
from selenium.webdriver.common.keys import Keys


# Edgeを起動する
driver = webdriver.Edge()
```

🐍 コード

```
driver = webdriver.Chrome()
```

を以下に変更するだけでEdgeを操作することができます。

🐍 コード

```
driver = webdriver.Edge()
```

8 Selenium IDE

Selenium IDEとは、ブラウザの操作を記録できるソフトウエアです。本節では、Chromeの拡張機能として、使用する方法を解説します。

ブラウザの操作を記録し、Python用のプログラムを出力することで、要素の取得の参考とするための方法を解説します。

以下の順番で解説します。

①インストール方法
②設定方法
③Web操作の記録方法
④ファイル出力方法
⑤ファイルの確認方法

(1) インストール方法

Chromeウエブストアを開きます。
「chromeウェブストア」で検索すると表示されます。

chrome ウェブストア

https://chrome.google.com/webstore/category/extensions?hl=ja

そこで「Selenium IDE」と入力して検索します。

🐍 図12.19　Selenium IDEで検索.png

するとSelenium IDEが表示されます。

🐍 図12.20　Selenium IDE

Chromeに追加ボタンを押します。

🐍 図12.21　Chromeに追加ボタン

「Selenium IDE」を追加しますか？　と聞かれたら、「拡張機能を追加」をクリックします。

🐍 図12.22　追加しますか

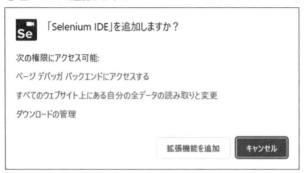

「拡張機能が追加されました」と表示されます。

🐍 図12.23　張機能が追加されました

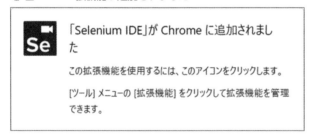

Chromeにアイコンが追加されます。

🐍 図12.24　Chromeにアイコンが追加

Selenium IDEとSeleniumの関係

コラム

なお、Selenium IDEは、Selenium RCという古いソフトウエアがベースとなって開発されています。これまで説明してきたのは、Selenium BuilderというWebDriverをベースとした新しいソフトウエアです。

『Selenium実践入門』（技術評論社）より

要素の取得方法のわからないときに、参考として使用するとともに、Chromeの拡張機能としてインストールすれば、Pythonのプログラムを組まなくてもWebの自動操作ができるので、自動処理のデモンストレーションに使うこともできます。Excelの値の業務用システムへの連続投入には、Pythonのプログラムを使う必要があります。

🐍 （2）設定方法

PC上のファイルを操作するためには、ローカルファイルへのアクセスの設定をします。拡張機能の点、3つのアイコンをクリックし、「拡張機能の管理」を選択します。

🐍 図12.25　拡張機能の管理を開く

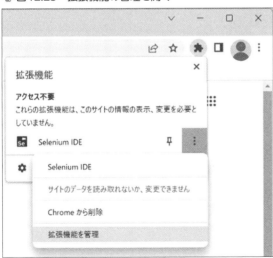

「ファイルの URL へのアクセスを許可する」をONにします。設定を変更したら、「ファイルのURLへのアクセスを許可する」のスライダを右にスライドします。

🐍図12.26　ファイルのURLへのアクセスを許可する

この設定をすることで、本書のサンプルファイルを操作することができるようになります。

※本書では、様々なWeb要素を収録していますので、Selenium IDEで実際のインターネット上のWeb
サイトを操作する前の練習をすることができるようになります。

🐍図12.27　拡張機能を閉じる

×をクリックして、拡張機能を閉じます。

🐍 (3) Web操作の記録方法

拡張機能のアイコンをクリックします。

🐍図12.28　アイコンをクリック

Selenium IDEをクリックします。

図12.29 Selenium IDEをクリックします

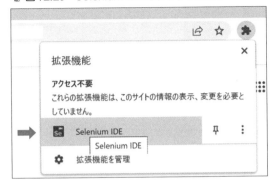

　以下の画面が表示されるので、「Record a new test in a new project」をクリックします。

図12.30 Record a new test in a new project画面

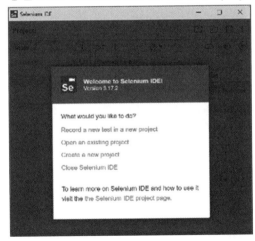

　PROJECT NAMEを聞かれるので、適切なプロジェクト名を入力します。

図12.31　Set your projects base URL画面

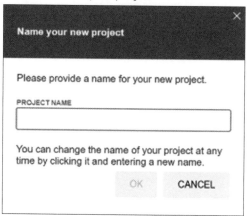

この場合、ここで「Python_001」と入力し、「OK」をクリックします。

次にBASE URLを聞かれるので、操作対象のURLを入力します。今回は、以下のサイト、

https://www.python.org/を入力します。

図12.32　Set your projects base URL画面

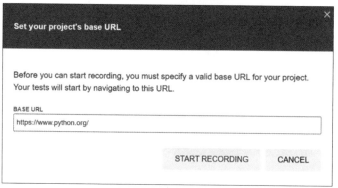

「START RECORING」ボタンを押します。Web画面の自動処理を開始します。

先ほど入力したPythonの公式HPを表示します。

🐍 図12.33　レコーディング画面

　Web画面の操作をします。ここでは、上のPyPIのメニューをクリックします。PyPI
の画面を表示します。

🐍 図12.34　表示されたPyPI画面

　Webサイトの裏にあるSelenium IDEの画面を表示し、右上のレコーディング中を
表す赤いボタンを押します。

🐍 図12.35　Selenium IDE画面

レコーディングを停止します。Name your new testと聞かれます。

🐍 図12.36　Name your new test画面

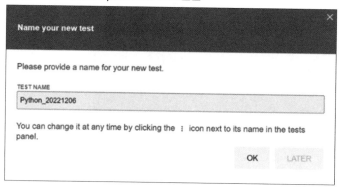

Python_20221206（例）と入力し、OKをクリックします。

🐍 (4) 自動操作の確認

以下の方法で自動操作を実行することができます。

図12.37　Selenium IDEの操作画面

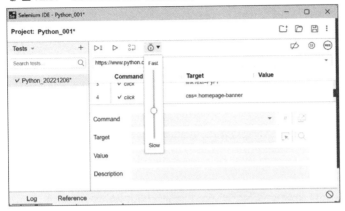

　再生ボタン（▷）を押すと今の動作を再現します。うまく動作しない場合は、時計マークをクリックして速度を調整します（速度を下げます）。また、操作対象と違うところをマウスで触った場合や、赤い字で関係のない情報が残っている場合は、Selenium IDEの画面でその行を選択し、右側の縦に3つ点のあるアイコンから、メニューを開いてDeleteを選択し、削除します。

図12.38　Selenium IDEのコマンドの編集

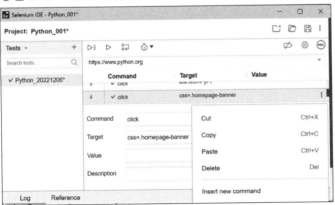

[🐍 (5) ファイル出力方法]

ファイルの出力操作をします。

🐍 図12.39　ファイル出力

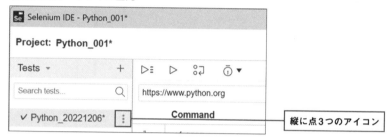

先ほど入力した「Name your new test」の横に、縦に点3つのアイコンがあります
ので、クリックします。

🐍 図12.40　ファイル出力メニュー

Exportを選びます。以下の言語選択画面を表示しますので、Pythonを選択します。

図12.41　言語選択画面

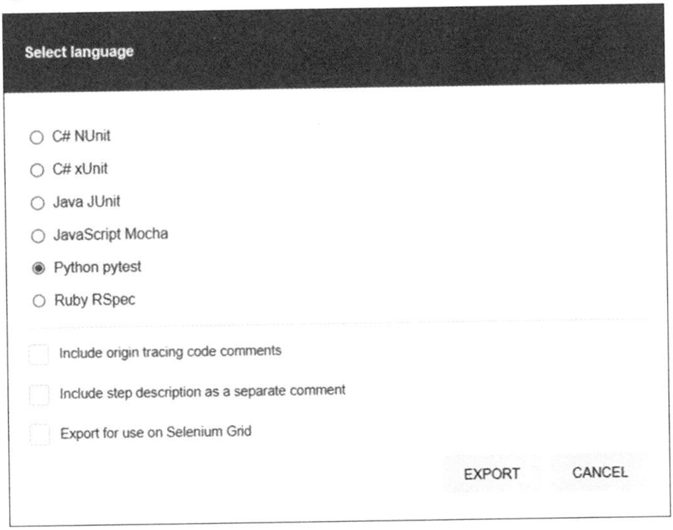

EXPORTボタンをクリックします。この例の場合、test_python20221206.pyというファイルができますので、適切な場所に保存します。

[🐍 (6) ファイルの確認方法]

メモ帳で開き、必要な部分のコードを確認します。以下はその一部です。

🐍 コード

```
def test_python20221206(self):
    self.driver.get("https://www.python.org/")
    self.driver.set_window_size(1050, 652)
    self.driver.find_element(By.LINK_TEXT, "PyPI").click()
```

[🐍 (7) ローカルファイルの操作方法]

　ところで、本書の各種Web画面の操作サンプルのように、PC上にあるhtmlファイル（ローカル上のファイル）の操作方法について解説します。

　Selenium IDEのインストール後、「ファイルのURLへのアクセスを許可する」をONにしました。しかしながら、「Set your projects base URL」に、PC上のhtmlファイルを設定することができません。

　この入力欄にURLを設定したとき、URLのサーバーとのレスポンスの確認をしているように思います。

　そこで、どのようにするかというと、Seleniumの操作において、いったん、インターネットで接続するURLを入力し、その画面を開き、何段階か操作します。それとは別に、ローカル上のファイルを開いた状態で用意しておきます。そして、ローカル上のファイルブラウザで開いた状態のブラウザのアドレスバーの情報を、先ほどのインターネット接続している画面のアドレスバーにコピーします。そうすると、Selenium IDE上に、ローカル上のファイルを開いたWeb画面を表示します。そして、その画面を操作し、Pythonのプログラムを出力します。

　複数入力モーダル画面のような操作の難易度の高い画面の操作コマンドはこのようにして確認しました。

第13章

Word、pdf
ファイルの操作

ビジネスでよく使われる Word、pdf ファイルの操作方法
を解説します。Word のアプリケーションを使って、Word
文書を pdf ファイル形式で出力が可能なことはよく知られ
ています。

ここでは、pdf ファイルを Word 文書に変換するのにも、
Word アプリケーションのファイル読み込み機能使って変
換します。

この章でできること
❶ Word フォーマットを pdf ファイルに変換できる
❷ Pdf ファイルを Word フォーマット、テキストフォーマッ
トに変換できる
❸ Word 文書上に追記できる
- Word 文書への文字（宛名等）の挿入
- Word 文書中の目印文字列（●●）の文字列（■■）へ
  の置換
- Word 文書中の目印文字列（▲▲）の画像への置換

1 Word文書を pdfファイルで保存

Word文書をpdfファイルで保存する場合は、win32comライブラリを用いて
Word文書を読み込み、pdf形式で保存する方法を解説します。

(1) 情報の整理

❶使用するライブラリ

使用するライブラリ：win32comライブラリ

❷プログラムに設定する情報

- ワード文書のファイル名　　：Word_サンプル.docx
- 保存用pdfファイル名　　　　：Word_サンプル.pdf

❸作業/プログラム手順

①win32comモジュールのインポート

②プログラムファイル基準でWord文書のファイルパスを作成

③Word文書を開く

④保存するpdf形式のファイルのファイルパスを作成

⑤pdf形式を指定し保存

🐍 (2) プログラム

　基本的には、Excelの操作と同様に、Pythonからwin32comライブラリを用いて、comオブジェクトを操作します。

　プログラムとしては、Wordファイルを開き、pdfファイルで保存しています。Fileフォーマットは、マイクロソフトのWord公式マニュアルに記載されています。

🐍 Wordファイルをpdfファイル形式で保存.py

```python
# win32comをインポートします。
import win32com.client as com
import os


# プログラムファイルのディレクトリパス (folder_path) の取得
folder_path = os.path.dirname(__file__)
print("プログラムファイルのディレクトリパス:", folder_path)


word_file_path = folder_path + os.sep + "Word_サンプル.docx"
print("Wordファイルのパス:", word_file_path)


# Wordを起動します。
app = com.Dispatch("Word.Application")
app.Visible = True
app.DisplayAlerts = False


doc = app.Documents.Open(word_file_path)


pdf_file_path = folder_path + os.sep + "Word_サンプル.pdf"


doc.SaveAs(pdf_file_path, FileFormat=17)


# ドキュメントを閉じる
# doc.Close


# Wordアプリケーションの終了
# app.Quit()
```

Word公式マニュアル

🐍 ドキュメントオブジェクトについて

https://learn.microsoft.com/ja-jp/office/vba/api/word.document

🐍 保存方法について

https://learn.microsoft.com/ja-jp/office/vba/api/word.saveas2

🐍 保存するファイル形式について

https://learn.microsoft.com/ja-jp/office/vba/api/word.wdsaveformat

2 PdfファイルのWordフォーマット、テキストフォーマットへの変換

本節では、pdfファイルをWord形式、テキスト形式に変換する方法を解説します。

　Pythonには、pdfファイルからテキスト情報を取り出すライブラリがありますが、日本語対応していない、あるいは、文字の認識率が低いものもあります。

　本書は、Windows・Wordをインストールしている方を対象にしていますので、Wordを活用します。Wordには、pdfファイルを読み取り、Word文書に変換する機能がありますので、この機能を活用します。日本語、英語だけでなく、各種言語に対応しています。また、pdfファイル中の表も再現したWord文書において表として再現することができる場合があります。表として再現された場合、手作業になりますが、Excel上に張り付けることができる場合があります。

(1) 情報の整理

❶使用するライブラリ

- 使用するライブラリ：win32comライブラリ
- 保存するファイル形式の設定
  テキスト形式：FileFormat＝4
  ワード形式　 ：FileFormat＝0（拡張子：doc）、16（拡張子：docx）
- ※マニュアルは前項参照

❷プログラムに設定する情報

- pdf文書のファイル名：PDF_file.pdfd
- 保存用ファイル名　 ：Word_サンプル.txt
  　　　　　　　　　　　Word_サンプル.doc
  　　　　　　　　　　　Word_サンプル.docx

❸作業/プログラム手順

①win32com モジュールのインポート

②プログラムファイル基準で、Word 文書のファイルパスを指定

③pdf ファイルを開く

④保存するファイル形式(Word 形式、テキスト形式)のファイルのファイルパスを作成

⑤Word 形式、テキスト形式を指定し、保存

🐍 (2) プログラム

プログラムとしては、Word で pdf ファイルを開き、Word 形式、テキスト形式で保存しています。File フォーマットは、先ほどのマイクロソフトの Word 公式マニュアルに記載されています。

🐍 pdf ファイルを Word 形式で保存.py

```python
# win32comをインポートします。
import win32com.client as com
import os


# プログラムファイルのディレクトリパス(folder_path)の取得
folder_path = os.path.dirname(__file__)
print("プログラムファイルのディレクトリパス:", folder_path)


input_file_path = folder_path + os.sep + "PDF_file_サンプル.pdf"
print("Wordファイルのパス:", input_file_path)


# Wordを起動します。
app = com.Dispatch("Word.Application")
app.Visible = True
app.DisplayAlerts = False


# Wordファイルを開きます。
```

```
doc = app.Documents.Open(input_file_path)


output_file_path_txt = folder_path + os.sep + "Word_サンプル.txt"
doc.SaveAs(output_file_path_txt, FileFormat=4)


output_file_path_doc = folder_path + os.sep + "Word_サンプル.doc"
doc.SaveAs(output_file_path_doc, FileFormat=0)


output_file_path_doc2 = folder_path + os.sep + "Word_サンプル.docx"
doc.SaveAs(output_file_path_doc2, FileFormat=16)
# ドキュメントを閉じる
# doc.Close


# Wordアプリケーションの終了
# app.Quit()
```

3 Word文書(ひな形)上への追記

Word文書を用いた事務業務において、最もニーズの多いのは、ひな形の文書への文字列の挿入、文字列の置換、画像の挿入などだと思います。

ここでは、ひな形文書に対する操作方法を解説します。

(1) 情報の整理

❶使用するライブラリ

・使用するライブラリ：win32comライブラリ

❷操作内容

(A) Word文書への文字列 (宛名等) の挿入

(B) Word文書中の目印文字 (●●) を文字列 (■■) への置換

(C) Word文書中の目印文字 (▲▲) の画像への置換

なお、画像の挿入は位置の指定のしやすさより、文字列の置換による
方法を解説します。
以下の画像の●●を■■に置換します。また、▲▲を画像に置換します。

図13.1 ひな形文書の処理

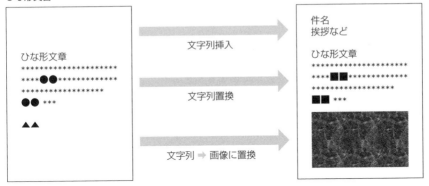

図13.2 置換前の画像

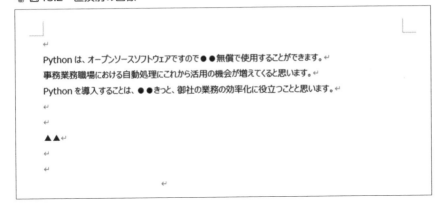

Word_サンプル.docxの画像です。

📄 図13.3 挿入・置換後の画像

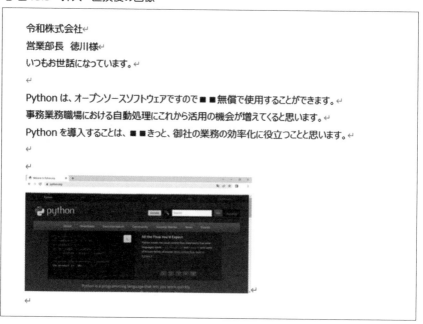

Word_サンプル_プログラム実施後.docxの画像です。

❸作業/プログラム手順

①win32comモジュールのインポート

②プログラムファイル基準で、Word文書のファイルパスを指定

③Word文書を開く

④文字列を挿入する

⑤文字列を置換する

⑥文字列を画像に置換する

⑦pdf形式を指定し、保存

🐍 (2) プログラム

プログラムとしては、Word文書への文字列の書き込み、あるいは、文字列に対する置換操作をしています。

🐍 Word操作_ひな形文書の操作_パラメータ個別設定.py

```python
# win32comをインポートします。
import win32com.client as com
import os

# プログラムファイルのディレクトリパス (folder_path) の取得
folder_path = os.path.dirname(__file__)
print("プログラムファイルのディレクトリパス:", folder_path)

word_file_path = folder_path + os.sep + "Word_サンプル.docx"
print("Wordファイルのパス:", word_file_path)

# 保存用ファイルのファイルパス
pdf_file_path = folder_path + os.sep + "Word_サンプル.pdf"
print("pdfファイルのパス:", pdf_file_path)

# Wordを起動します。
app = com.Dispatch("Word.Application")
app.Visible = True
app.DisplayAlerts = False

# Wordファイルを開きます。
doc = app.Documents.Open(word_file_path)

# 文字列の書き込み
doc.Range(0, 1).Text = (
    "令和株式会社" "¥n" + "営業部長　徳川様" + "¥n" + "いつもお世話になっています。" + "¥n" + "¥n"
)
```

```
# 文字列の置換
app.Selection.Find.ClearFormatting()
app.Selection.Find.Replacement.ClearFormatting()


app.Selection.Find.Execute(
    FindText="●●",
    MatchCase=False,
    MatchWholeWord=False,
    MatchWildcards=False,
    MatchSoundsLike=False,
    MatchAllWordForms=False,
    Forward=True,
    Wrap=1,
    Format=False,
    ReplaceWith="■■",
    Replace=2,
)
# 画像ファイルの挿入
image_file_path = folder_path + os.sep + "sample_image_resize_2.
png"


app.Selection.Find.Execute("▲▲")
app.Selection.InlineShapes.AddPicture(image_file_path)


doc.SaveAs(pdf_file_path, FileFormat=17)


# ドキュメントを閉じる
# doc.Close


# Wordアプリケーションの終了
# app.Quit()
```

また、あらかじめ設定した「▲▲」を画像に置き換えることも可能です。
上記では、「▲▲」を画像に置き換えています。

Wordマニュアル

Range オブジェクトは開始文字位置および終了文字位置を定義します。

🐍 Range オブジェクト (Word)

https://learn.microsoft.com/ja-jp/office/vba/api/word.range

検索に使用する条件を表します。

🐍 Selection.Find プロパティ (Word)

https://learn.microsoft.com/ja-jp/office/vba/api/word.selection.find

検索に使用する条件の定数です。

🐍 Find.Execute メソッド (Word)

https://learn.microsoft.com/ja-jp/office/vba/api/word.find.execute

検索および置換を使用したときに置き換える個数を指定します（1：最初のみ、2：全て）。

🐍 WdReplace 列挙 (Word)

https://learn.microsoft.com/ja-jp/office/vba/api/word.wdreplace

MEMO

第14章

データ処理
(pandas)

本章では、Excelファイルをpandas（ライブラリ）で用いるための基本を習得します。ごく一部の機能を解説しますが、高速処理やターミナル画面にデータを表示させるなど、Excelのようなスプレッドシートのアプリケーションとの違いを実感していただけるでしょう。

この章でできること

- pandasを用いて、Excelデータを結合できる
- pandasを用いて、Excelデータデータ間の参照ができる（ExcelのVLOOKUP関数の機能に相当）

1 pandasとは

pandasでできることは非常に多くあり、事務業務を効率化するという視点から、本章では表と表の参照機能（ExcelでのVLOOKUP関数での処理に相当）、Excelデータファイルの表を結合して活用する方法を解説します。

pandasは、データ分析に用いられるライブラリであり、また、機械学習のためのデータ処理（前処理）にもよく用いられます。

前半の章では、Web画面上の表の値の取得の際にも活用しました。また、CSVファイルとJSONファイルの変換にも用いました。

本書で扱う内容は、事務業務への活用レベルです。データ分析や機械学習のためのデータ処理等につきましては、専門の書籍が多くあり、巻末にも紹介していますので、ご参考ください。

Numpyというライブラリ

pandasでは、NumPyというライブラリを使用しています。NumPyは科学計算を高速処理するためのライブラリであり、数値のみを取り扱いますが、pandasは、文字列データも取り扱うことができます。

🐍 pandas公式マニュアル

https://pandas.pydata.org/docs/user_guide/index.html#user-guide

---

pandasからExcelファイルを出力するには、ライブラリのopenpyxlが必要です。ただし、pandasとopenpyxlの間には、依存関係がありません。pandasをインストールしても、openpyxlはインストールされないのでご注意ください。pandasでExcelファイルを読み込むために、openpyxlを追加でインストールしておきましょう。

```
py -m pip install openpyxl
```

2 Excelとの比較 (表と表を参照する場合)

> 本節で扱う表と表の参照機能 (ExcelでのVLOOKUP関数の処理に相当) について、Excelの場合と比較してみました。

　本書は小さなデータを扱う場合の機能の紹介ですが、ExcelのVLOOKUP関数の機能で、処理に数時間もかかる場合や、パソコンのどこかを操作するとフリーズしてしまう場合のときには、一度、pandasの活用を検討されるとよいと思います。

表1　Excel Vlookup関数とpandasの比較

	Excel VLOOKUP関数	pandasの処理
準備	セルに関数の設定が必要	セルへの設定は不要 参照する項目 (キー) の指定が必要
処理時間	データサイズが大きいとき、処理に時間がかかる	データサイズが大きいとき、ExcelのVLOOKUP機能と比べて、高速処理が可能
データシート	データ以外の情報を持つことができる	データ部分のみのシートの作成が必要 (項目名は必要)

3　基本操作

pandasでExcelのデータを読み込み、ターミナル上にデータフレーム形式で
データを表示させます。

(1) 準備

Pythonのプログラムと Excel ファイルを同階層に配置します。

(2) 情報の整理

pandasは、多くの場合、ファイルパスを相対パスで指定しています。本節ではプロ
グラムファイル基準の絶対パスは用いません。

❶操作内容

操作対象のExcelデータは以下のようになります。このデータをpandasに取り込
み、ターミナル画面に表示させます。

図14.1　当社の価格表

	A	B	C
1		メニュー名	現在の価格
2	1	トロ	800
3	2	あわび	700
4	3	のどぐろ	540
5	4	うに	630
6	5	サーモン	240

❷操作手順

以下の順番でプログラムを実行します。

①ライブラリのインポート、②Excel ファイルの読み込み、③ターミナル画面への表示

(3) プログラム

pandasのデータは、データフレーム形式と呼ばれます。「df」のような変数名で定義されるケースが多く見られます。複数のデータを同時に用いる場合、「df_1」や以下の場合、「df_menu」のように命名しています。

多くの場合、相対パスを用いても安定的に動作します。また、pandasを用いた自動処理の場合、カレントディレクトリを次々に変えながら処理をすることは少ないと思われ、本章では、相対パスを用います。

pandasの基本_相対パス.py

```python
import pandas as pd

df_menu = pd.read_excel("当社の価格表.xlsx", index_col=0)
print(df_menu)
```

(4) 読み込み結果

以下のようにExcelのデータがpandasのデータフレーム形式に変換され、ターミナル上に表示されます。

実行結果

Python寿司看板メニュー		
NaN	メニュー名	現在の価格
1.0	トロ	800
2.0	あわび	700
3.0	のどぐろ	540
4.0	うに	630
5.0	サーモン	240
6.0	タイ	240
7.0	エビ	240
8.0	ヒラメ	240

14 データ処理（pandas）

🐍 pandas.read_excel (pandas マニュアル)

> https://pandas.pydata.org/docs/reference/api/pandas.read_excel.html

🐍 コード

```
df_menu = pd.read_excel("当社の価格表.xlsx", index_col=0)
```

index_col=0を指定しないと以下のようになり、pandasがインデックスをつけます。

🐍 実行結果

0	NaN	メニュー名	現在の価格
1	1.0	トロ	800
2	2.0	あわび	700
3	3.0	のどぐろ	540
4	4.0	うに	630
5	5.0	サーモン	240
6	6.0	タイ	240
7	7.0	エビ	240
8	8.0	ヒラメ	240

4 データを横に結合する場合（項目が完全に一致）

本節では、Excelデータを結合します。まずは、同一の項目のデータを集計します。

(1) 情報の整理

売り上げ日報の集計を事例として解説します。

> 以下のような売り上げデータを集計します。図は、銀座店のデータです。
> 同様のデータが、六本木店、渋谷店、新宿店のデータがあります。これを1つに集計します。

図14.2　（例）銀座店の売り上げデータ

	A	B	C
1	メニュー名	現在の価格	銀座店
2	トロ	800	11
3	あわび	700	12
4	のどぐろ	540	13
5	うに	630	14
6	サーモン	240	15
7	タイ	240	16
8	エビ	240	17
9	ヒラメ	240	18

［ 🐍 (2) プログラム ］

データの結合には、pandas の merge 機能を用います。

🐍 pandas.merge (pandas マニュアル)

https://pandas.pydata.org/pandas-docs/stable/reference/api/pandas.merge.html#pandas.merge

以下の merge の条件として、メニュー名、現在の価格を照合のキーとして設定しています。

🐍 Pandas_売上集計_相対パス

```python
import pandas as pd

df_1 = pd.read_excel("売り上げ_1.xlsx", index_col=0)
df_2 = pd.read_excel("売り上げ_2.xlsx", index_col=0)
df_3 = pd.read_excel("売り上げ_3.xlsx", index_col=0)
df_4 = pd.read_excel("売り上げ_4.xlsx", index_col=0)

# df_1と df_2を結合し、df_sum_1_2 を作成
df_sum_1_2 = pd.merge(df_1, df_2, on=["メニュー名", "現在の価格"])

# df_sum_1_2と df_3を結合し、df_sum_1_2_3 を作成
df_sum_1_2_3 = pd.merge(df_sum_1_2, df_3, on=["メニュー名", "現在の価格"])

# df_sum_1_2_3と df_4を結合し、df_sum_1_2_3_4 を作成
df_sum_1_2_3_4 = pd.merge(df_sum_1_2_3, df_4, on=["メニュー名", "現在の価格"])
print(df_sum_1_2_3_4)

# df_sum_1_2_3_4 を Excelファイルとして出力
df_sum_1_2_3_4.to_excel("売り上げ集計.xlsx")
```

🐍 図14.3　pandas＿説明の図

項目列　　データ列

🐍 (3) 結果

ターミナル画面には以下のように表示されます。

🐍 実行結果

	メニュー名	現在の価格	銀座店	六本木店	渋谷店	新宿店
0	トロ	800	11	21	31	41
1	あわび	700	12	22	32	42
2	のどぐろ	540	13	23	33	43
3	うに	630	14	24	34	44
4	サーモン	240	15	25	35	45
5	タイ	240	16	26	36	46
6	エビ	240	17	27	37	47
7	ヒラメ	240	18	28	38	48

以下のようなデータがExcelファイルとして出力されます。

🐍 図14.4　売り上げ集計

	A	B	C	D	E	F	G
1		メニュー名	現在の価格	銀座店	六本木店	渋谷店	新宿店
2	0	トロ	800	11	21	31	41
3	1	あわび	700	12	22	32	42
4	2	のどぐろ	540	13	23	33	43
5	3	うに	630	14	24	34	44
6	4	サーモン	240	15	25	35	45
7	5	タイ	240	16	26	36	46
8	6	エビ	240	17	27	37	47
9	7	ヒラメ	240	18	28	38	48

14

データ処理（pandas）

5 データを横に結合する場合 （項目が不完全一致）

本節では、ExcelのVlookup機能のようなデータの結合について解説します。

　本操作方法が、ExcelのVLOOKUP機能に相当します。ExcelのVLOOKUP機能では、一方のデータシートに対し、もう一方のデータシートの値を埋め込むイメージとなります。

　pandasによる処理の場合、2つのデータフレームを重ね合わせて、①両方に重なった部分を新しいデータフレームを作る、あるいは、②どちらかに含まれるデータ全体も一緒に新しいデータフレームを作るイメージとなります。

(1) 情報の整理

　ここではライバル店と当社の価格の比較を行います。

　当社の価格表は、以下のようになります。

図14.5　当社の価格表

	A	B	C
1		メニュー名	現在の価格
2	1	サーモン	240
3	2	タイ	240
4	3	エビ	240
5	4	ヒラメ	240
6	5	鉄火巻き	170
7	6	タコ	170
8	7	卵焼き	170
9	8	味噌汁	170

　ライバル店の価格は以下のようになります。

🖨 図14.6　ライバル店の価格表

	A	B	C
1		メニュー名	現在の価格
2	1	サーモン	200
3	2	タイ	200
4	3	エビ	200
5	4	ヒラメ	200
6	5	鉄火巻き	170
7	6	タコ	170
8	7	卵焼き	170
9	8	味噌汁	170

ここで、当社の価格表.xlsxとライバル店の価格表を比較します。

比較対象
- 当社の価格表.xlsx
- ライバル店の価格表.xlsx

比較結果には、以下の2種類の表が考えられます。

①両方に重なった部分で新しいデータフレームを作る表
②どちらかに含まれるデータ全体も一緒に新しいデータフレームを作る表

以下に図を用いて説明します。

❶両方に重なった部分で新しいデータフレームを作る表

両方に重なった部分とは以下の右図のことです。

🐍 図14.7　両方に重なった部分で新しい表を作る
inner の場合

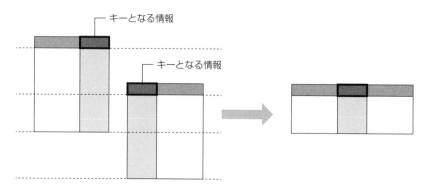

❷ どちらかに含まれるデータ全体も一緒に新しいデータフレームを作る表

どちらかに含まれるデータ全体とは、以下の右図のことです。

🐍 図14.8　どちらかに含まれるデータ全体も一緒に新しい表を作る
outer の場合

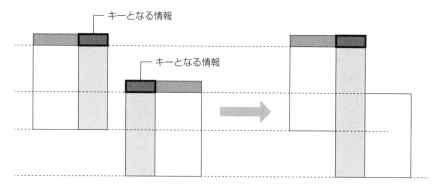

(2) プログラム

　これらの重なった部分や、どちらかに含まれる部分を求めるためのプログラムは以下のようになります。どちらもmergeメソッドを用います。2つのシートの照合のため、on=["メニュー名"]として、項目の一致を判断するためのキーを設定しています。

❶メニューの重なった項目のみを抽出する場合
　以下のように、how="inner"とします。

🐍 コード

```
pd.merge(df_1, df_2, how="inner", on=["メニュー名"])
```

❷メニューの重なった部分は、結果を並べて表示し、それ以外は、別の行に表示する場合
　以下のように、how="outer"とします。

🐍 コード

```
pd.merge(df_1, df_2, how="outer", on=["メニュー名"])
```

　プログラム全体は、以下のようになります。

🐍 Pandas_ライバル店との価格の比較_相対パス.py

```
import pandas as pd

# 当社の価格表の読み込み
df_1 = pd.read_excel("当社の価格表.xlsx", index_col=0)
print(df_1)

# ライバル店の価格表の読み込み
df_2 = pd.read_excel("ライバル店の価格表.xlsx", index_col=0)
print(df_2)

# 共通するメニューについての価格情報（競合メニュー用）
```

```
df_result_inner = pd.merge(df_1, df_2, how="inner", on=["メニュー名
"])
print(df_result_inner)
df_result_inner.to_excel("比較結果_inner.xlsx")
```

```
# 全てのメニューについての価格情報 (被らないメニューも含んで分析用)
df_result_outer = pd.merge(df_1, df_2, how="outer", on=["メニュー名
"])
print(df_result_outer)
df_result_outer.to_excel("比較結果_outer.xlsx")
```

[🐍 (3) 結果]

❶両方に重なった部分の新しいデータフレームを作る

ターミナル画面とExcelファイルへの出力結果を示します。

🐍 実行結果

	メニュー名	現在の価格_x	現在の価格_y
0	サーモン	240	200
1	タイ	240	200
2	エビ	240	200
3	ヒラメ	240	200

🐍 図14.9　比較結果_inner

	A	B	C	D
1		メニュー名	現在の価格x	現在の価格y
2	0	サーモン	240	200
3	1	タイ	240	200
4	2	エビ	240	200
5	3	ヒラメ	240	200

❷ どちらかに含まれるデータ全体も一緒に新しいデータフレームを作る

ターミナル画面とExcelファイルへの出力結果を示します。

🐍 実行結果

	メニュー名	現在の価格_x	現在の価格_y
0	トロ	800.0	NaN
1	あわび	700.0	NaN
2	のどぐろ	540.0	NaN
3	うに	630.0	NaN
4	サーモン	240.0	200.0
5	タイ	240.0	200.0
6	エビ	240.0	200.0
7	ヒラメ	240.0	200.0
8	鉄火巻き	NaN	170.0
9	タコ	NaN	170.0
10	卵焼き	NaN	170.0
11	味噌汁	NaN	170.0

🐍 図14.10 比較結果_outer

	A	B	C	D
1		メニュー名	現在の価格x	現在の価格y
2	0	トロ	800	
3	1	あわび	700	
4	2	のどぐろ	540	
5	3	うに	630	
6	4	サーモン	240	200
7	5	タイ	240	200
8	6	エビ	240	200
9	7	ヒラメ	240	200
10	8	鉄火巻き		170
11	9	タコ		170
12	10	卵焼き		170
13	11	味噌汁		170

6 データを上下に結合する場合

本節では、Excelのシートの行ごとにデータがある場合の集計方法を解説します。

●申込書データの集計

　以下のような申し込み用紙が複数あるとき、pandasを用いて効率的に1つにまとめることができます。

🐍 図14.11　名簿_1番目のデータ

	A	B	C	D	E	F	G	H	I
1	エクセル行数	お名前	電話番号	メール	性別	年齢	乗船日	座席	登録番号取得結果
2	4	鈴木 太郎	090-0000-XXX1	test_1@example.com	man	age_10	2020/8/30	スペシャル	

[🐍 (1) 情報の整理]

これを1つに集計します。

ファイル

registration_information_1.xlsx

registration_information_2.xlsx

registration_information_3.xlsx

registration_information_4.xlsx

registration_information_5.xlsx

🐍 (2) プログラム

pd.concat([df_1, df_2, df_3, df_4, df_5])のように、複数のデータを1行で結合することができます。

🐍 Pandas_名簿の集計_相対パス.py

```python
import pandas as pd

# エクセルファイルの取り込み
df_1 = pd.read_excel("registration_information_1.xlsx", index_col=0)
df_2 = pd.read_excel("registration_information_2.xlsx", index_col=0)
df_3 = pd.read_excel("registration_information_3.xlsx", index_col=0)
df_4 = pd.read_excel("registration_information_4.xlsx", index_col=0)
df_5 = pd.read_excel("registration_information_5.xlsx", index_col=0)

df_result = pd.concat([df_1, df_2, df_3, df_4, df_5])
print(df_result)
df_result.to_excel("結合結果2.xlsx")
```

🐍 図14.12　pandas＿説明の図

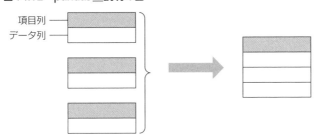

項目列
データ列

14
データ処理（pandas）

(3) 結果

ターミナル画面は以下のようになります。

🐍実行結果

	お名前	電話番号	メール	性別	年齢	乗船日	座席	登録番号取得結果
エクセル行数								
4	鈴木 太郎	090-0000-XXX1	test_1@example.com	man	age_10	2020-08-30	スペシャル	NaN
5	山村 萌	090-0000-XXX2	test_2@example.com	woman	age_20	2020-11-30	デラックス	NaN
6	石川 一郎	090-0000-XXX3	test_3@example.com	man	age_30	2020-05-03	スタンダード	NaN
7	林 優花	090-0000-XXX4	test_4@example.com	woman	age_20	2020-08-30	スペシャル	NaN
8	木下 次郎	090-0000-XXX5	test_5@example.com	man	age_40	2020-10-27	スペシャル	NaN

Excelファイルへの出力結果は以下のようになります。

🐍図14.13　名簿の結合結果

	A	B	C	D	E	F	G	H	I	J
1	クセル行	お名前	電話番号	メール	性別	年齢	乗船日	座席	番号取得結果	
2	4	鈴木 太郎	090-0000-	test_1@ex	man	age_10	2020-08-30 00:00:00	スペシャル		
3	5	山村 萌	090-0000-	test_2@ex	woman	age_20	2020-11-30 00:00:00	デラックス		
4	6	石川 一郎	090-0000-	test_3@ex	man	age_30	2020-05-03 00:00:00	スタンダード		
5	7	林 優花	090-0000-	test_4@ex	woman	age_20	2020-08-30 00:00:00	スペシャル		
6	8	木下 次郎	090-0000-	test_5@ex	man	age_40	2020-10-27 00:00:00	スペシャル		

7 concatを用い横方法に結合する場合

本節では、concatを用いて横方法に結合する場合を解説します。

(1) 情報の整理

前項において、concatを用いて参照データを横に配置しました。mergeのときは、データフレームを1つずつ結合させました。前項では、concatは複数のデータフレームを一度に結合させることができました。

銀座店、六本木店、渋谷店、新宿店の売り上げデータを結合します。

(2) プログラム

Pandas_売上集計_concat_相対パス.py

```python
import pandas as pd

# エクセルファイルの読み込み
df_1 = pd.read_excel("売り上げ_1.xlsx")
df_1 = pd.read_excel("売り上げ_1.xlsx")
df_2 = pd.read_excel("売り上げ_2.xlsx")
df_3 = pd.read_excel("売り上げ_3.xlsx")
df_4 = pd.read_excel("売り上げ_4.xlsx")


df_sum_concat = pd.concat([df_1, df_2, df_3, df_4], axis=1)
print(df_sum_concat)
df_sum_concat.to_excel("売り上げ集計_concat.xlsx")
```

[🐍 (3) 結果]

結果は以下のようになります。上下にデータを結合する場合、データフレームの一番上の行を項目行として認識し、重複することはありませんでした。

横方向にデータを結合する場合、データフレームの一番左の列を項目情報として扱わないため、結合結果では、以下のように項目が重複していまいます。

🐍 図14.14　concatの結果 (Excel画面)

	A	B	C	D	E	F	G	H	I	J	K	L	M
1		メニュー名	現在の価格	銀座店	メニュー名	現在の価格	六本木店	メニュー名	現在の価格	渋谷店	メニュー名	現在の価格	新宿店
2	0	トロ	800	11	トロ	800	21	トロ	800	31	トロ	800	41
3	1	あわび	700	12	あわび	700	22	あわび	700	32	あわび	700	42
4	2	のどぐろ	540	13	のどぐろ	540	23	のどぐろ	540	33	のどぐろ	540	43
5	3	うに	630	14	うに	630	24	うに	630	34	うに	630	44
6	4	サーモン	240	15	サーモン	240	25	サーモン	240	35	サーモン	240	45
7	5	タイ	240	16	タイ	240	26	タイ	240	36	タイ	240	46
8	6	エビ	240	17	エビ	240	27	エビ	240	37	エビ	240	47
9	7	ヒラメ	240	18	ヒラメ	240	28	ヒラメ	240	38	ヒラメ	240	48

🐍 図14.15　pandas＿説明の図

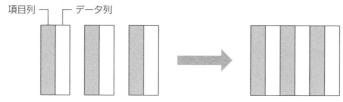

項目列　　　データ列

🐟 ターミナル画面

	メニュー名	現在の価格	銀座店	メニュー名	現在の価格	六本木店	メニュー名	現在の価格	渋谷店	メニュー名	現在の価格	新宿店	メニュー名	現在の価格
0	トロ	800	11	トロ	800	21	トロ	800	31	トロ	800	41	トロ	800
1	あわび	700	12	あわび	700	22	あわび	700	32	あわび	700	42	あわび	700
2	のどぐろ	540	13	のどぐろ	540	23	のどぐろ	540	33	のどぐろ	540	43	のどぐろ	540
3	うに	630	14	うに	630	24	うに	630	34	うに	630	44	うに	630
4	サーモン	240	15	サーモン	240	25	サーモン	240	35	サーモン	240	45	サーモン	240
5	タイ	240	16	タイ	240	26	タイ	240	36	タイ	240	46	タイ	240
6	エビ	240	17	エビ	240	27	エビ	240	37	エビ	240	47	エビ	240
7	ヒラメ	240	18	ヒラメ	240	28	ヒラメ	240	38	ヒラメ	240	48	ヒラメ	240

14 データ処理（pandas）

MEMO

第15章

困ったときのヒント

みなさんの中には、職場ではじめてPythonを使い始めるという方も多いと思います。プログラムを作成するのが専門のプログラマーであっても、修正しながら作り込んでいく方は多くいます。

ここでは、プログラムを動かす上で困ったときの対応方法を解説します。

この章でできること

- Pythonにおけるエラーと例外の違いを説明できる
- エラーメッセージの意味を調べることができる
- プログラムが動作しない原因を調べることができる
- プログラムの動作しないとき、いくつかの対策方法を検討できる。

1 プログラムの動作不具合の分類 (動作しない、異常停止、結果の間違い)の分類

プログラムが動作不具合となる場合には、いくつかの場合があります。

内容によって対策が異なりますので、便宜的に以下のように分類します。

①文法上の間違い

②文法は正しいが、実行できない。

③文法は正しくて、実行可能であるが、結果が間違っている

④文法は正しくて、実行可能であるが、テストデータ等ではうまく動作するが、業務用の
　データ・システム等では間違っている

⑤文法は正しくて、実行可能であるが、業務用のデータ・システム等において、通常は正
　しく動作するが、まれに、異常を起こす

上記を概念的に表すと以下の図のようになります。

　プログラムの課題は、まず、文法上の問題をクリアすることで、最後は、長期間利用
しても問題のないようにする必要があります。

　それぞれについて解説していきます。

🐍 図15.1　プログラムの問題点の概念図

プログラム作成における課題

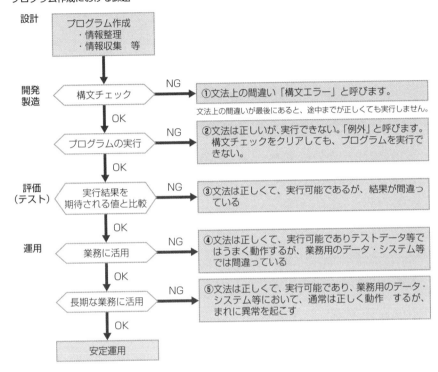

設計
- プログラム作成
  - ・情報整理
  - ・情報収集　等

開発製造
- 構文チェック — NG → ①文法上の間違い「構文エラー」と呼びます。

  文法上の間違いが最後にあると、途中までが正しくても実行しません。
- OK
- プログラムの実行 — NG → ②文法は正しいが、実行できない。「例外」と呼びます。構文チェックをクリアしても、プログラムを実行できない。
- OK

評価（テスト）
- 実行結果を期待される値と比較 — NG → ③文法は正しくて、実行可能であるが、結果が間違っている
- OK

運用
- 業務に活用 — NG → ④文法は正しくて、実行可能でありテストデータ等ではうまく動作するが、業務用のデータ・システム等では間違っている
- OK
- 長期な業務に活用 — NG → ⑤文法は正しくて、実行可能であり、業務用のデータ・システム等において、通常は正しく動作　するが、まれに異常を起こす
- OK
- 安定運用

2　構文エラーと例外

本節では、プログラムの内容の間違い（エラー）について解説します。

🐍 (1) Pythonの実行ボタンを押したときの動作

　Pythonでは、プログラムの実行ボタンを押すと、プログラムの処理を実行する前に構文チェックを行います。構文チェックというのは、文法上の間違いをチェックすることです。つまり、最初から最後までの文法上のチェックをしてから、プログラムを実行します。文法上の間違いがあると「構文エラー」として、エラーメッセージ（syntax error）を表示します。

🐍 (2) 構文エラーとは

　このため、途中まで正しい内容であっても、プログラムの最後の行に「構文エラー」がある場合には動かすことはできません（VBAの場合は、できているところまで動いてくれます）。

　このように、プログラムの途中まで正しくても、最後に文法上の間違いがあると、途中まででさえも実行してくれません。ステップごとに動作を確認することが大切です。

🐍 (3) 例外とは

　一方で、例外というのは、文法上の間違いではないが、実行できないケースのことです。例えば、数値を0で割った場合は、「ZeroDivisionError」を表示します。

🐍 構文エラー (syntax error) と 例外 (exception)について (Pythonマニュアル)

https://docs.python.org/ja/3/tutorial/errors.html

(4) エラーメッセージの例

初心者の方は、構文エラー、例外の場合が多いと思います。以下のようなエラーメッセージを1つずつ解消しながら、習得していくことになると思います。

構文エラー (syntax error) の例

```
SyntaxError: invalid syntax
```

例外の例

```
ZeroDivisionError
```

(5) 構文エラー、例外の原因の例

以下は、Pythonのプログラミングをはじめた方向けの事例です。文法のミス、誤記等を中心に列挙しました。

❶スペルミス

初心者のプログラムの動作が正しくできないときの原因は、1番多いのはスペルミスです。スペルミスがないか確認してください

- スペースを半角とすべきところを全角にしてしまった
- 1つのライブラリの中で、似たようなスペルの関数がある場合があります「s」の有無で、リストを引数とする場合があったりする
- 大文字と小文字を間違えた
- 全角スペースを使用
- 全角のクォーテーションを使用

注意

　特にPythonは大文字と小文字を区別します。しかしながら、使用しているライブラリは大文字、大文字の区別がない場合もあり、ついつい間違える場合があります。このように、混在しているので、見落としている場合もあります。

❷不足・漏れ

一般的な誤り

- クォーテーション (')、(") の設定が閉じていない
  コメントアウトに「""」を使うとき、閉じることができていない（ダブルクォーテーション、シングルクォーテーションの数が違う）

よくある場面

- クォーテーションで囲む中にクォーテーションがある場合
- 文字列を引数に使うとき、" "がない
- ファイルパスの設定時（パスを引数に使うとき、" "がない）
- Seleniumで、XPathを設定するとき
- 文字列の中に、「'」等を含むとき

コロンの記入漏れ

- 条件分岐において (:) がない
- 繰り返し設定において (:) がない

インデントがない

- 条件分岐、繰り返しの設定以降、インデントを指定した行がない
- インデントの数を間違えた

括弧の記入漏れ

- 括弧が片側しかない

❸ファイル・フォルダ関係の間違い

> **よくある場面**
> - ファイルパスの絶対パスの取得において、カレントディレクトリ基準でファイルパスを指定したため、カレントディレクトリが移動していた
> - プログラムと操作対象ファイルのあるとき、プログラムのみ移動させた（プログラム上で相対関係を定義）

- ライブラリによっては日本語のファイル名を使えない場合があります（Pillow等）
- 絶対パスで指定する必要のあるライブラリに相対パスを設定した
- ファイルパスの記載間違い

クォーテーションの中に、ファイルパスを入れたときのパスの表記が正しくありません。Windowsのパスのコピー機能で取得したファイルパスをそのまま記入すると動作しない場合があります。ライブラリにファイルパス等を設定する際、括弧の中は、Windowsのパス区切り文字を¥¥を重ねて表記する必要があります。

参考にしたプログラムが、Mac、Linux用のプログラムであったときに正しくWindowsの表記に修正できていない場合が見られます。

VSCodeにおいて、フォルダを移動させたり、フォルダ名を変更を繰り返すと、正しく設定していても、認識しない場合があります。新規作成しファイル等を移動させると解決する場合があります。

- モジュール名と同じ名前のファイルを保存している

※Pythonプログラムの同階層に、モジュール名と同じ名前のファイル名（datetime.py）のようなファイルを作ると、正常に動作しないことがあります。

❹その他

- ゼロで割ってしまうケースがあった
- インデックスの値が範囲に入っていない

  リストの要素の数よりもインデックスが大きい
- リストの値の取り出し時、インデントの始まりを1として計算してしまった

  （プログラムではエラーとならない場合が多くあります。）
- 文字列と数値を間違えた（型間違い）

  例：数値と文字列を足した場合

  　　A1を作るとき、1を数値のまま、Aと結合しようとした

  　　　・変数の間違い（別の変数を使用）

  　　　・変数名の重複
- メソッドの()漏れ

  オブジェクト.メソッド()とすべきとき、引数のないとき、()を付け忘れた。

  ※引数を取らないメソッドであっても、()の必要な場合があります。正しく動作するプログラム
  を確認しましょう。
- ライブラリのインポート忘れ

  time sleepを用いて待機時間を設定するときにtime sleepのインポートを忘れる

3 構文エラーと例外に対する対策方法

本節では、エラーと例外エラーに関する対応策を解説します。

(1) Pythonを実行して、エラーメッセージを確認する

エラーと例外のエラーメッセージは、以下に記載されています。

●組み込み例外
　（Pythonインストール時に設定されているエラーメッセージの一覧表）

例外 (exception)について (Python公式マニュアル)

https://docs.python.org/ja/3/library/exceptions.html

こちらに例外の一覧があります。

例外のクラス階層

https://docs.python.org/ja/3/library/exceptions.html#exception-hierarchy

上記以外にライブラリごとにエラーメッセージを設定している場合があります。
（例：Selenium の例外一覧表）

selenium.common.exceptions

https://www.selenium.dev/selenium/docs/api/py/common/selenium.common.
exceptions.html

🐍 (2) 拡張機能「Pylance」を設定する

静的解析ツールなのでプログラムを動作させることなく機能します。

拡張機能「Pylance」を設定すると、文法的におかしいところがあると、多くの場合は色をつけて表示します。

ただし、メッセージを表示しないので、どのような理由で色がついているのかは、上記の事例を参考にして自分で解釈するか、または実行してみて表示されるエラーメッセージの内容を確認する必要があります。

以下は、Pylanceついて参考資料です。

🐍 Pylance (Visual Studio Code)

> https://marketplace.visualstudio.com/items?itemName=ms-python.vscode-pylance

🐍 microsoft/pylance-release (GitHub)

> https://github.com/microsoft/pylance-release

●設定方法

VSCodeで以下のように操作します。ファイル➡ユーザ設定➡拡張機能の流れで設定を進めます。

まず、検索画面に「Pylance」と入力します。「Pylance」が表示されたら、インストールボタンを押します。

🐍 図15.2　Pylanceダウンロード画面

(3) エラーメッセージそのものをブラウザの検索バーに いれて検索する

Pythonはメジャーな言語ですので、参考情報を得られる場合があります。

(4) 正しく動作するプログラムを確認する

はじめてプログラムを作成する場合、引数、ファイルパスを正しく設定できていない場合があります。特に、Web画面のhtml要素の指定方法等、確実に動作するサンプルプログラムの設定方法を確認するとよいと思います。

(5) ステップごとに動作確認をする

プログラムの作成の基本は、1ステップを作るごとにチェックしていくことです。常に変数の値には何がくるべきか考え、チェックしながら、できたところまでを動かしてみてチェックするとよいでしょう。

このため、ステップごとに確実に動作するところから作っていく必要があります。長いプログラムをいきなり作るとどこがおかしいのか、わからなくなります。

特に、誰かの作ったプログラムを参考にするとき、行を(''')と(''')とで囲むことでコメントアウトにして、プログラムが動作しないようにして、少しずつ動かし、確実に動作するかどうかを確認しながら作ります。

(6) プリントデバック

プログラムを動作させると、コンピュータ上の変数の値が変化していきます。変数の値を、VSCodeのプロンプト画面で、print関数を使って変数の値を表示させて確認します。

この値を、print文を使って表示させて確認していく方法があります。この方法をプリントデバッグといいます。

●変数の値を確認する

ステップごとにプログラムを作成していきます。その際に、変数の値が正しいかどうかを確認するために、

🐍 コード

```
print x
```

のように、変数の値を表示するようにして逐次確認できるようにしましょう。

変数が変化していく様子をログで出力する方法もありますが、小規模なプログラムであれば、初心者の方は、この方法で確認するのがよいと思います。

❷ステップずつ動作させてチェック

対象業務が自分の担当業務であれば、Pythonのプログラムの1ステップごとの動作により、どのような値が取得できるのかを予想が可能だと思いますので、その値と比較し、正しく動作しているか、1ステップごとにチェックします。

また同時に、エクセルやOutlook、Web系システムの画面上で正常に動作しているかも確認します。

※本書で採用したライブラリは、実際にエクセルやOutlookの動作を目で見ることができるので、1ステップずつ確認していくことが容易だと思います。

🐍 (7) 停止前後の画面のキャプチャ

Selenium等では、画面キャプチャもできます。場合によっては、Windowsの録画機能で停止前後の状態を参考にできる場合もあります。

🐍 (8) ログを出力する

Pythonにはログを取得するためのライブラリもあります。プログラムが大きくなってきたときには、ログで情報を取得するのもよいと思います。

自動処理で手作業の10ステップ、20ステップ程度の繰り返し操作をする場合は、プリントデバックでも十分だと思います。

正しく作れるようになってくると、プログラムの異常停止をすることの数が減ってきます。注意すべき点もわかってきて、また、エラーメッセージも読めるようになってくると思います。

4 プログラムは動作するが、正常に動作しない場合

プログラムとしては動作するものの、正常に動作しない場合について解説します。

Pythonのプログラムの書き方もわかってきて、実際の業務上、この場合が一番、難しく、また、頭を悩ませる点です。

異常停止するので、何らかのメッセージを出すケースもありますが、同じシステムに対し、同じプログラムで動作するケースもあり、また、データ上問題のないケースもあります。

(1) データに関する問題

プログラムとしては、問題ないように見えて、うまく動作しない場合として、データが問題となっている場合があります。

●文字コードが適切ではない場合

通常の業務をしていても文字化することがありますが、Pythonでプログラムを作成するとき、文字コードが適切ではないため、文字化けが発生することがあります。

●(❶-1) 文字コードとは

文字コードとは、あいうえおや、ABC、123といった文字を、順番に割り振っていった通し番号のようなものです。この通し番号ルールに何通りもあるため、別の文字コードだと、全く別の文字が割り当てられている場合があります。

文字コードを正しく認識できていないと文字化けという現象が起きます。Windowsでは CP932という文字コードで処理を行う場合が多くあり、Macでは UTF-8で処理をすることが多くあります。Pythonは基本的に UTF-8を使用しています。

Windowsから出力したデータ（CSVファイル、テキストファイル）を何も指示をしないと、文字化け、処理ができないことがあります。Excelフォーマットや Wordのデータは、アプリケーション側で適切に処理をしています。

● (❶-2) 対策

実際の事務業務では、文字化けに遭遇するケースは減ってきました。それは、各種ソフト、圧縮・解凍ツール、ブラウザが自動判定して、文字化けを発生しないようにしているからです。

しかしながら、Pythonでデータを処理する場合、プログラム上で文字コードを指定する必要があります。正しく文字コードを指定せずに、文字コードを間違えて処理すると、文字化けが発生してしまいます。

CSVからJSONへの変換等のプログラムのように、文字コードを正確に指示しましょう。

❷全角半角の混在

データ中に、全角半角の混入（が、が、全角スペース、半角スペース、アルファベット、@等）

❸ユニコード正規化

また、文字コードとは別に、ユニコード正規化に関する問題のケースもあり6章で解説しました。また、NBSPによる問題もあります。必要に応じて、ユニコード正規化の処理をします。

❹データフォーマットの間違い

CSVファイルで受け取ったデータが、コンマ区切りではなく、タブ区切り、スペース区切りというケースというケースもあります。

> （例）　・テキスト形式とCSVファイル
> 　　　　・CSVファイルとTSVファイル

❺テストデータと実データの違い

テストデータは、文字数が少なかったが、実際のデータはそれよりも長くて、処理できなかったということもあります。

また、ファイルパス全体で文字数をカウントすると、実環境において、フォルダ名変更、フォルダを別のフォルダの下の階層に移動することで文字数が増え、エラーとなる場合もありますので注意しましょう。

❻インデント番号の不一致

データのシリアル番号が1から始まるのに対し、Pythonではインデックス番号は0から始まるので補正しないと処理がずれる場合があります。

❼設計の間違い

要件整理ができていなかった、処理の順番が間違っていた、等の誤りがあります。

❽条件分岐において、レアな分岐側のテスト漏れ

自動処理は、現場主導でプログラムを開発する場面が多くあります。そうすると、大部分のデータに対する処理はしっかりと作りこめていても、少ないケースのデータへの処理の部分のプログラムが作りこめていない場合があります。

また、正常系は作りこめていても、異常系のプログラムは作りこめていない、あるいは最初からプログラムではなく、人が実施するつもりでプログラム開発がされるケースもあります。

そのようなケースで担当者が変更となると、困る場合があります。

❼設計の間違い

要件整理ができていなかった、処理の順番が間違っていた、等の誤りがあります。

●条件分岐において、レアな分岐側のテスト漏れ

最初から手作業でやるつもりだったのか、しっかり引き継ぐようにしましょう。

🐍 (2) Pythonの動作が対象システムのレスポンスより早い

❶RPAの先走り

この問題は、RPAでもよく起こります。「RPAの先走り」という現象です。業務用のシステムは、一般公開されている検索エンジンなどと異なり、企業の中で運用されています。

このようなシステムは、ユーザの使用の大小によってレスポンスの影響を受けます。また、Pythonによる処理そのものが、影響してレスポンスに影響する場合もあります。

自動処理だからと、人の何倍もの速度で業務用システムを操作しようとすると、場合によってはシステムがダウンする場合があります。

自動処理をPythonで行うとき、外部のインターネット上のサイトから情報を収集す

ることについて、「1秒ごとの時間を空ける」との記述があるのを見たことがあります。

　企業の社内の業務用システムの場合、想定以上の負荷となるので、システム部門への確認、調整、許可が必要だと考えます。

　1つの考え方としては、自動処理であっても、「人の操作するのと同じスピードで操作する」との考え方もあります。では、その「人の操作するのと同じスピードで操作する」であれば良いかというと、現実には、それでも異常停止するケースがあります。24時間、週末も含めて自動処理を実施する場合、休日、夜間にシステムのメンテナンスをしていて、処理速度が低下する場合があります。

　あるいは、対象システムにメンテナンスがなくとも、PCと対象システムの間のネットワーク上で、別のシステムがデータのバックアップ、同期等のメンテナンスのデータが流れている場合、ネットワークのレスポンスが低下します。こういったことを考える必要があります。1つの考えとしては、時間のかかる処理の待ち時間は、1分、3分待機するということも選択肢になります。

　何が原因かを特定するのは困難ですが、毎回、深夜の1時に異常停止するのであれば、本書の第8章の株式立会の時間のみ動作させるプログラムを活用し、よく停止する時間帯の動作に余裕を持たせるのもよいと思います。

❷ Excelの保存時間

　ここでさらに、盲点となるのが、Excelの保存時間です。処理ステップ毎にデータのステイタスが変わるとき、処理が完了するごとにデータを保存する場合がよくあります。

　処理が完了したかどうかをExcelのセル上に設定した数式で判断し、次のステップの処理をするか判断する場合があります。

　こういったケースにおいて、1週間、2週間、連続で処理をしていると、データサイズが大きくなってきて、Excelデータの保存に時間がかかるようになります。また、数式があると、保存時に毎回、再計算をすることになり、その部分でも、プログラムを動作開始した時よりも時間がかかります。

　この点もシステム、ネットワークのレスポンスと同様に考慮する必要のある場合があります。

❸ PCのスペックの問題

　PCを変更したときも影響が出ることがあります。PCのスペックを変えるとWeb画

面の表示時間が変わるので待機時間を変更する必要のある場合があります。

(3) システム間のデータの転記におけるデータの ステイタスの問題

あるシステムから出力したデータを別のシステムに入力（転記）する作業は日常的に多いと思います。このようなとき、2つのシステムを連携するには、予算がなく、手作業となっていて、そこをRPAやPythonで自動化し、効率化する場面は多いと思います。

しかしながら、こういった効率化は、業務部門からの打ち上げによる場合が多いと思います。システム部門がシステムを連携するのであれば、あらゆる要素を洗い出して、例外的なデータが来ても対応できるようにします。

一方、業務部門からの打ち上げによるRPAやPythonによる自動処理では、メインのデータに対してのシステム連携的な動作となり、また、例外要素には、アジャイル開発（運用しながら修正することで短期開発する手法）的に対応していく場合も多いのではないでしょうか。

今、説明したように「例外があれば、都度対応していく」という思想の中にRPAやPythonが停止したらプログラムを修正していくとの前提があり、異常停止の原因となります。

ここで例外的な要素の例としては、例えば、チケット発行システムへのデータ入力の自動化であった場合、Pythonからの自動処理リストとは別に、「すぐに登録してほしい」との要望で、手作業で登録がされるようなケースです。

システム部門がシステム連携で作り込めば、データのステイタスの変更情報が反映され、この登録済データは、処理から外されます。

一方、外に出力したデータに基づいて処理している場合、何らかの処置をしないとデータのステイタス情報は反映されず、エラーとなり、異常停止してしまいます。

自動処理の規模にもよりますが、1か月分のデータを用意し、連続処理をする場合、データのステイタス等、例外的な処理が必要かどうかのチェックをしてからシステムに投入する、あるいは、例外の原因となるステイタス変更があったときは、自動処理への投入データから除く等の対策が考えられます。

1つひとつの異常停止の原因分析のなぜなぜ分析を繰り返し、こういった投入デーのチェック、ステイタスの反映をされるとよいと思います。

(4) システム側の問題

❶ XPathの変化
- Webの画面において、入力値によって同じ項目であっても、XPathの値が、異なるため、要素をつかむことができていなかった。
- 操作対象システムにおいて、操作条件によっては、Web画面のDOM構造によって、XPathの値が変更となり、要素を正しく操作できなかった。

❷ システム側の画面変更
- 対象システムの動作仕様、画面等に変更があった場合。

例えば、業務用システムに入力項目の並びの中に新しい入力項目が追加されると、要素をXPathで取得している場合は、XPathの変化のない作りこみのシステムであっても、全体の中で要素の順番が変わってきます。XPathに上から順の番号が入っている場合は、XPathの値が変わって、プログラムは正常に動作しなくなります。このような問題を防ぐためには、対象システムが社内のシステムである場合、システム管理部署と連携し、あらかじめ画面変更の情報を入手できるようにするとよいと考えます。

第16章

RPAとして
使用するためのヒント

Pythonを RPA として使用することは、Python のプログラムを操作して業務用システムを自動処理ができればよいわけではありません。業務用システムの操作には、関係部署との調整が必要な場合があります。ロボットが管理できていない状態「野良ロボット」とならないようにしましょう。PythonをRPAとして使用する場合のヒントを解説します。実際には、各社のRPAの管理ルール、管理部署にご相談ください。

この章でできること

- Python を RPA として使用する上で、野良ロボットにしない。プログラムを管理し、運用できる
- 自部署内で必要な手続きをすることができる
- 社内の関係部署と調整できる

1 PythonをRPAとして使用する場合

ここでは、PythonをRPAの代わりとして使用するヒントを解説します。

(1) 有償のRPAツールとの違い

　Pythonによる自動処理をRPAとして運用する場合の問題点は、有償のRPAと違い、企業内の統制が取りにくいことです。

　有償RPAであれば、数十万円のライセンス料を支払っているので、どの部署が購入しているかがわかります。このため、各種ルールに基づいて管理することができます。

(2) 統制上の問題点

　一方、Pythonは、オープンソースソフトウェアですので、お金の流れでたどることができません。このため、誰が使っているかわかりません。

　RPAの運用ルールのある企業も多いと思います。自動処理における運用ルールは、各企業のRPAルールの策定部署にご相談ください。

　運用ルールのない場合、巻末に参考書籍をご紹介しておりますので、ご参考にされるとよいと思います。

※おことわり

　なお、本章で説明するのは、RPAの運用における一般的な運用方法、業務の事例、注意事項等であり、巻末でご紹介した書籍、イベントでの発表内容、インターネット上の情報等によるものです。これらに基づき著者による見解をまとめたものであり、著者、および著者の所属企業の運用方法とは、一切、関係ありません。

2 ご参考

ここに列挙したものは、ごく一般的なものですので、詳細な運用は各職場でご検討ください。

　読者の方が、ここまでお読みになられて、せっかくプログラミングスキルを習得したからと何も考えずに業務用システムを操作するとトラブルとなる場合があります。それでは、せっかく習得したPythonのスキルが生かせませんので、参考として、注意事項を列挙します。各社のルールがあれば、そちらを遵守するようにしてください。

(1) 関係部署との調整

　以下に顧客情報管理システムを例にして解説します。

図16.1　システムにおける関係者の例（営業部門のデータ）

例：顧客情報管理システム
　　（社外の業者が管理社外サーバ利用）

職場

申請

データ管理部署	：営業部門
システム管理	：システム部門
ログインID発行部門	：ID発行部門
ネットワークアクセス	：ネットワーク管理部門

自部署
・プログラム管理
・業務の管理
・自動処理の管理（休日、連休）

❶社外アクセスの申請

　Pythonは、ライブラリを社外からインストールする必要があります。社外への接続が全くできない環境の方は、ネットワーク管理部門へ社外アクセスの申請が必要です。

❷ログインIDの申請

　顧客情報の管理システムの処理を大量に行う場合において、追加のIDが必要なとき

は、追加IDの申請をID発行部門にする必要があります。いわゆる「ロボットの人格問題」といい、単に個別システムのIDのみを発行することができない場合があります。その場合、社員を1人追加するのと同じ手続きが必要な場合があります。

❸データの管理部署への確認

この例では、顧客情報を自動処理で扱います。顧客情報を扱う部署である営業としては、大量のアクセスがあると何が目的なのか不安に思うと思います。データ管理部署への説明・調整が必要だと考えらえます。

❹システムに対する自動処理の許可

システムに対して、自動処理をする場合、大量の処理を高速で行うとシステムのサーバがダウンします。

インターネットからの情報収集を解説した書籍では、1秒に1回の目安としたアクセス頻度を記載している場合もありますが、社内のシステムは、大量のアクセスを想定していない場合も多く、システム管理者と調整が必要となります。

1つの目安として、人が操作するレベルの速度という考え方があります。しかしながら、人の操作での操作が繰り返されることにより、裏で行う処理の蓄積など、想定外の負荷をかける場合があります。システム管理者への確認・調整が必要です。

プロキシサーバについて

コラム

プロキシサーバというものを聞いたことがある方も多いと思います。とはいえ、どのようなものかわからない方もいらっしゃるかと思いますので、概要を解説します。

📕 図16.2　プロキシサーバの絵

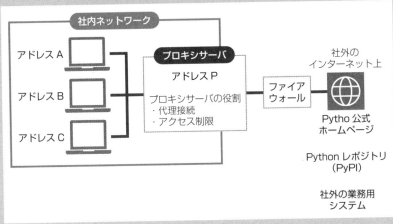

　プロキシサーバは、社内ネットワークから社外のインターネットへの出入口の部分にあります。接続制限の役目がありますので、Python公式HP、Pythonのレポジトリ(PyPI)、業務用システムへの接続が許可されるような設定になっている必要があります。

　インターネット接続で、これらに接続できれば大丈夫と思います。

　ここで問題になるのは、プロキシサーバには、代理接続との役割があります。社内のネットワーク上、AさんはアドレスA、BさんはアドレスB、CさんはアドレスCが割り当てられています。しかし、社外に接続する際は、プロキシサーバのアドレスであるアドレスPとして社外の業務システムに接続します。

　このため、Aさんがこの業務システムに大量アクセスした場合、Aさんが、大量アクセスしたのであっても、見た目アドレスPでアクセスしていることになるため相手側業務システムには、Bさん(アドレスB)、Cさん(アドレスC)と区別がつきません。このため、この業務システムは、アドレスPに対して接続制限をかけます。

　結果的に、この社内ネットワーク上の全員がこの業務システムを使うことができなくなってしまいます。

　このように、業務システムへの大量アクセスによる問題は、自分1人の問題ではありませんので、注意しましょう。

(2) プログラムの管理

本書では、7章でコーディング規約（PEP8）を遵守するための方法、仕様書を作成して引き継げるようにする等の解説をしてきました。

プログラムの管理が不十分だと、いわゆる、「野良ロボット」という状態となりかねません。再確認をお願いします。

(3) 補足事項

❶パスワードの扱い

自動処理を24時間運用すると、無人のときもあります。また、PCの画面を表示させたまま運転する場合もあります。意図的にスクリーンセーバーをOFFにしたいる状態もあります。

Pythonのプログラム中にシステムのログインID、パスワードを記入すると、第三者が、プログラムの中の中身を見てID、パスワードを調べることができてしまいます。パスワードはプログラムのコードの中に書かないようにしましょう。

なお、静的解析ツールのbanditでチェックすると、コードにパスワードを記入するとチェックされます。

banditについては、次節で解説します。

❷PCの置き方

自動処理で24時間、休日も行うことは、PCの通常の使用状態よりも、負荷の高い状態となります。このため、PCからの発熱量は通常よりも多くなります。

自動処理を複数のPCで行うにあたり、場所がないからと、ノートPCのモニタを閉じ、重ねて積み上げる状態で運用するのは避けるようにしましょう。

また、会社でのノートPCの発熱により、火災の原因となる場合がありますので注意しましょう。

(4) セキュリティチェックのための静的解析ツール

静的解析ツール：banditを紹介します。banditとは、セキュリティチェックのための静的解析ツールです。企業として使用するには、セキュリティのチェックのニーズがあると思います。企業においてセキュリティ面は、重要であり、Pythonを使用する上で、

セキュリティのチェック用のツールがあることは、重要なポイントだと思います。

🐍 banditの公式資料 (PyPI)

https://pypi.org/project/bandit/

🐍 banditのマニュアル

https://github.com/PyCQA/bandit

❶ VSCodeへの設定方法

banditも通常のライブラリと同様に、pipでインストールします。

```
py -m pip install bandit
```

banditをインストールすると、VSCodeに設定することができるようになります。

ユーザ設定➡設定➡検索画面に「bandit」と入力します。

● VSCodeの設定画面
🐍 図16.3　設定画面

16
RPAとして使用するためのヒント

🐍 図16.4　チェックする

Python › Linting: Bandit Enabled
✓ bandit を使用して Python ファイルをリントするかどうか。

「band itを使用して、Pythonファイルをリントするかどうか」にチェックします。これで設定完了です。

● チェックの例

ここでは、パスワード.pyという以下の内容のファイルをVSCodeで開きます。

```
password = "ABC"
```

🐍 図16.5　ターミナル画面

上記のターミナル画面の左下に、問題❶と表示されています。カーソルを持っていくと、以下のように表示します。

🐍 図16.6　問題

問題 (Ctrl+Shift+M) - 合計 1 個の問題

問題　1　　出力　　デバッグ コンソール　　ターミナル

📮図16.7　クリック

この部分をコピーし、メモ帳に張り付けると以下のように表示します。

📮コード

```
[{
    "resource": "¥C:¥Users¥【PCの名前】¥Desktop¥RPAとしての利用badit¥パ
スワード.py",
    "owner": "python",
    "code": "B105",
    "severity": 2,
    "message": "Possible hardcoded password: 'ABC'",
    "source": "bandit",
    "startLineNumber": 1,
    "startColumn": 12,
    "endLineNumber": 1,
    "endColumn": 12
}]
```

📮コード

```
    "code": "B105",
```

📮コード

```
    "message": "Possible hardcoded password: 'ABC'",
```

のように、プログラム中にパスワードが書かれていることを示しています。

📮マニュアル B105

https://bandit.readthedocs.io/en/latest/plugins/b105_hardcoded_password_
string.html

16

RPAとして使用するためのヒント

　VSCodeに設定しなくても、コマンドプロンプト上で以下のように入力することで
チェックすることもできます。

```
C:¥Users¥【PCの名前】>py -m bandit C:¥Users¥【PCの名前】¥デスクトップ¥パス
ワード.py
```

参考資料

●筆者の推薦する本

以下の3冊は、これまで多くの方にお勧めしてきました。

『PythonでExcel、メール、Webを自動化する本』（SBクリエイティブ、中嶋英勝）

Excelのデータを扱うopenpyxlを詳しく解説しています。動作のよくわかっているExcelのデータをPythonで扱うことで、短期間でPythonのプログラムを組む方法を理解できます。

『シゴトがはかどる Python自動処理の教科書』（マイナビ出版、クジラ飛行机）

自動化に関する多くのテクニックが書かれていて、勉強になると思います。

幅広いテーマを取り扱っており、参考になると思います。私は、クジラ飛行机さんは、現在、Pythonの解説において当代No.1の方だと思います。

『Pythonの教科書』（マイナビ出版、クジラ飛行机）

Pythonの文法を解説した書籍です。用語がとても正確に書かれているので、わからないときに正確な情報にたどり着くことができます。出版から年数は経っていますが、現時点で、1番わかりやすいと思います。

●Pythonを職場に導入するための参考書籍

『企画力と企画書の教科書』（マイナビ出版、吉政忠志）

ITエンジニアが社内外に向けた企画書を書くための参考書。今、読者の皆様が読んでいるこの書籍の企画書は、この「企画力と企画書の教科書」を熟読し立案しました。Pythonを職場に導入するのにも役立つのではないかと思います。

●初心者の方にお勧めする本

『Pythonのツボとコツがゼッタイにわかる本　プログラミング実践編』（秀和システム、立石秀利）

『Pythonのツボとコツがゼッタイにわかる本 "超"入門編』（秀和システム、立石秀利）

デンソーという自動車部品メーカの元社員の書いた本。自動車部品メーカだけに、「品質と安全」を第一とした企業の文化もあり、確実にプログラムを作りこんでいく思想が解説されています。この筆者は、Excelの解説でも有名であり、職場ではそちらもお

勧めしています。

『Python プログラミング逆引き大全 400 の極意』（秀和システム、金城俊哉）
　各ライブラリのAnacondaのレポジトリの有無等、Python公式マニュアルにおける
説明等、詳細な点まで正確に書かれています。名著だと思います。

●Web開発について
『詳解HTML&CSS&JavaScript辞典 第7版』（秀和システム、大藤幹／半場方人）
　著者は、Webシステムのサンプル（教材）を作るために参考にしました。

●データ分析について
『Python 実践データ分析 100本ノック 第2版』（秀和システム、下山輝昌、松田雄馬、
三木孝行）
　本書では、Pandasの一部の機能のみを紹介しました。データ分析についてはこちら
を参考にするとよいと思います。

●Seleniumについて
『Selenium実践入門』（技術評論社、伊藤望／戸田広／沖田邦夫／宮田淳平／長谷川淳
／清水直樹／Vishal Banthia）
　2016年発行であり、Seleniumは、現在、バージョン3から4となっています。また
当時、PythonでSeleniumを扱うよりも、JavaでSeleniumを扱うことが多かったの
か、Pythonに読み替える必要があります。Selenium 4のPythonによる解説書を期
待したいと思います。

●要件定義について
『ポケット図解 要求定義のポイントがわかる本（絶版）』（秀和システム、佐川博樹）
　要件定義について、わかりやすくまとめた本。書籍として体系的に知識を習得するこ
とができます。アプリケーション開発ではなく、事務業務職場の方がプログラムを作成
するための参考とするには分量も少なく、よいのではないかと思います。システム開発
をはじめて担当される方にお勧めしていましたが、現在、絶版で中古しか手に入りませ
ん。電子書籍化を期待したいと思います。

●RPAに関する参考書

Python をRPAとして活用する上で以下の書籍が参考になると思います。

『事例で学ぶRPA』（秀和システム、武藤駿輔（RPA BANK）
『RPAの威力』（日経BP社、安部慶喜・アビームコンサルティング株式会社）
『RPAの真髄』（日経BP社、安部慶喜・アビームコンサルティング株式会社）
『実践RPA』（日経BP社、日経コンピュータ）
『まるわかりRPA』（日経BP社、日経コンピュータ）

●バグの対策について

組込みソフトウェアバグ管理手法の紹介です。次の資料を紹介した資料です。

「組込みソフトウェアバグ管理手法の紹介 組込みソフトウェア開発における品質向上
の勧め［バグ管理手法編］」（独立行政法人 情報処理推進機構）

情報処理推進機構（IPA）が発行したソフトウェアの品質向上の手法です。

URL

https://www.ipa.go.jp/files/000030504.pdf

「組込みソフトウェア開発における品質向上の勧め［バグ管理手法編］

筆者は、業務システムの開発時において、本資料を参考にしています。

バグの原因のわからないとき、この資料を見ていて視点が広がって、この資料にない
事例を思いついて、解決したこともあります。pdf版をダウンロードできます。

URL

https://www.ipa.go.jp/sec/publish/tn12-005.html

●Pythonの資格の習得について
🐍 一般社団法人Pythonエンジニア育成推進協会

https://www.pythonic-exam.com/

🐍 Python試験

https://www.pythonic-exam.com/exam

🐍 認定スクール：CTC教育サービス

http://www.school.ctc-g.co.jp/

　受講したところしかわからないのですが、筆者は、Linuxのカリキュラムを受講しました。国内IT基盤のインフラを支えているだけに、しっかりとした内容でした。

●コラム
「技術者のためのほにゃらら（吉政忠志）」

　Pythonエンジニア育成推進協会の代表理事の吉政忠志様がPythonをはじめとしたIT関係のコラムを書かれています。

🐍 コラム（CTC教育サービス）

https://www.school.ctc-g.co.jp/columns/

「ゼロから歩くPythonの道／ノンプログラマのPython入門コラム（菱沼佑香）」

　Pythonエンジニア育成推進協会の代表理事のアシスタントの菱沼佑香様が、ノンプログラマの方向けにPythonの入門コラムを提供されています（上記のURLと同じです）。

●認定教材・参考教材
●Python3エンジニア認定基礎試験の主教材
『Pythonチュートリアル 第4版』（オライリー・ジャパン、Guido van Rossum・著／鴨澤眞夫・翻訳）

●Python3 エンジニア認定実践試験の主教材
『Python実践レシピ』(技術評論社、鈴木たかのり/筒井隆次/寺田学)

●Python3 エンジニア認定データ分析試験の主教材
『Pythonによるあたらしいデータ分析の教科書』(翔泳社、寺田学/辻真吾
/鈴木たかのり)

●Webページ
本書では以下の資料(記事)等を参考にさせていただきました(敬称略)

「【Python】Selenium 4 の変更点とWarning」
🐍 @vZke(株式会社ベリサーブ)、Qiita

> https://qiita.com/vZke/items/a7e8a75849ecaaa7f236

「Python Selenium でコンソールを非表示にする
🐍 くそざこCoding

> https://www.zacoding.com/post/python-selenium-hide-console/

「Added new argument creationflags in Service class for common, chrome,
and firefox #8647」

> https://github.com/SeleniumHQ/selenium/pull/8647#issuecomme
> nt-690590293

「Selenium3のChromeDriverでpdfをダウンロードする」
🐍 みーのぺーじ

> https://pc.atsuhiro-me.net/entry/2017/04/25/193832

あとがき

　本書は、私の友人の職場での事務業務の効率化のためにPythonの導入をお勧めしたことがきっかけです。

　筆者の知っている方には他に、就職のためPythonを一生懸命に勉強している方、自動化による業務効率化をしたいもののRPAを導入する予算のない方、独学で学んだPythonをどのように仕事に生かそうか悩まれている方、企業としての統制、最低限のルールを検討したい方、様々な方がいらっしゃいます。

　さらには、Pythonを用いたアプリケーション開発をDockerというコンテナ型仮想化技術を用い、Linux環境でPythonをチームで活用している方もいらっしゃいます。

　こういった中、筆者は、業務用システムの開発、およびRPA、Pythonを用いた業務効率化を経験してきました。Pythonはまだ、事務業務職場にはVBAほど一般的ではなく、事務業務職場における、企業としての導入の基本的なイメージを考えてきました。

　そういった中、私の経験を世の中に役立てていこうと、今回、本書を執筆しました。

　筆者の職場では、日々、納入先メーカ様、お取引先様、社内の皆様、一般消費者様だけでなく、国内産業の発展、グローバルな視点で社会を良くしていこうと日々、頑張っています。このような素晴らしい上司、同僚、職場の仲間たちに囲まれ、一緒に仕事をして、また、指導していただいております。そして、業務用システムやRPA、Pythonでの自動処理業務を担当させていただいたことも本書の執筆に役立っており、ここに感謝いたします。

　また、本書の出版のご縁を与えていただいた皆様、出版社の秀和システムの皆様、Webサンプルの作成の指導、サポートをしていただいた和田憲幸様に感謝いたします。

　最後になりますが、本書執筆中のある日、名古屋大学の学術研究・産学官連携推進本部の施設NIC（ナショナル・イノベーション・コンプレックス）にてプログラム開発の勉強しておりました。そこで、オープンソースのOS（オペレーティングシステム）の研究・開発をされていらっしゃる先生をおみかけしました。ご講演は何度も拝聴させていただいていましたが、世界を変えるとの高い評価の先生をお近くでお目にかかり、まさに、超天才が世の中を変えていくのだなあと思いました。

　本書では、Pythonというオープンソースの活用により、普通の方が、1人ひとりのお仕事を効率化していく、そのためにお役に立つような内容を書いてきました。私は、先生には足元にも及びませんが、本書が少しでも世の中の皆様にお役に立てれば幸いです。

2023年1月　江坂 和明

索引

●著者プロフィール
江坂 和明（えざか かずあき）

名古屋大学大学院　農学研究科修了。大手メーカに勤務。
製品の研究開発、社内の管理業務、業務用システムの企画、開発、
運用、および、RPA、Pythonを活用した業務効率化に取り組む。

・Webシステムサンプル
・技術協力　シンクグラフィカ　和田憲幸

表紙／本扉イラスト：cash1994, SedulurGrafis /
　　　　　　　　　　　Shutterstock

Python業務自動化
マスタリングハンドブック

| 発行日 | 2023年 1月25日 | 第1版第1刷 |
| | 2023年10月17日 | 第1版第2刷 |

著　者　江坂　和明

発行者　斉藤　和邦
発行所　株式会社　秀和システム
　　　　〒135-0016
　　　　東京都江東区東陽2-4-2　新宮ビル2F
　　　　Tel 03-6264-3105（販売）Fax 03-6264-3094
印刷所　三松堂印刷株式会社　　　　Printed in Japan

ISBN978-4-7980-6806-0 C3055